普通高等教育计算机系列规划教材

3ds Max 2015 中文版
基础案例教程

朱　荣　胡垂立　主　编

何柳青　张　杰　战赤峰　副主编

电子工业出版社

Publishing House of Electronics Industry

北京·BEIJING

内容简介

本书全面系统地介绍了 3ds Max 2015 的基本操作方法和三维动画制作技巧，包括 3ds Max 2015 中的基本操作、简单建模、样条线建模、复合建模、多边形建模、NURBS 曲线建模、材质与贴图、灯光与摄影机的应用、渲染输出、环境与效果以及基础动画、粒子系统应用等内容；同时，通过室内效果图制作和影视片头动画制作实际项目案例，介绍了 3ds Max 软件在实际工作中的应用技巧。本书以培养读者掌握 3ds Max 软件的使用技巧为主旨，围绕案例详尽地讲述了 3ds Max 三维动画制作过程中最常用的具有代表性的功能，使读者在学习完本书后能够举一反三，参与相关三维动画制作项目。

本书既可作为职业院校相关专业及各类培训班教材，也可作为三维动画制作爱好者及从业人员的参考用书。

未经许可，不得以任何方式复制或抄袭本书之部分或全部内容。
版权所有，侵权必究。

图书在版编目（CIP）数据

3ds Max 2015 中文版基础案例教程/朱荣，胡垂立主编. —北京：电子工业出版社，2015.10
（普通高等教育计算机系列规划教材）
ISBN 978-7-121-26823-6

Ⅰ. ①3… Ⅱ. ①朱… ②胡… Ⅲ. ①三维动画软件－高等学校－教材 Ⅳ. ①TP391.41

中国版本图书馆 CIP 数据核字（2015）第 173785 号

策划编辑：徐建军（xujj@phei.com.cn）
责任编辑：郝黎明
印　　刷：三河市华成印务有限公司
装　　订：三河市华成印务有限公司
出版发行：电子工业出版社
　　　　　北京市海淀区万寿路 173 信箱　邮编 100036
开　　本：787×1 092　1/16　印张：18.25　字数：467.2 千字
版　　次：2015 年 10 月第 1 版
印　　次：2017 年 2 月第 2 次印刷
印　　数：2 000 册　定价：39.00 元

凡所购买电子工业出版社图书有缺损问题，请向购买书店调换。若书店售缺，请与本社发行部联系，联系及邮购电话：（010）88254888，88258888。
质量投诉请发邮件至 zlts@phei.com.cn，盗版侵权举报请发邮件至 dbqq@phei.com.cn。
本书咨询联系方式：（010）88254570。

前 言

3ds Max 2015 是由 Autodesk 公司开发的三维动画渲染和制作软件。它功能强大、可扩展性好、操作简单、容易上手、与其他软件配合流畅，已广泛应用于室内设计、建筑动画、影视广告、栏目包装、工业设计、游戏设计、三维动画、辅助教学等领域，已成为三维领域最为流行、用户数量最多的软件之一；同时，也成为学校教学和社会培训的首选软件，更是三维制作入门者的最好选择。为了帮助职业院校和各类培训机构的相关专业教师全面、系统、专业地讲授这门课，使学生能够熟练地使用 3ds Max 来进行三维动画的设计与制作，我们组织了几位积累了丰富 3ds Max 教学与项目经验的专业教师和企业实战经验丰富的三维动画师进行深度合作，共同编写了此书。

本书在结构安排和编写方式上体现了职业院校教学的特点，共分为 14 章，前面 12 章由浅入深、循序渐进地介绍了 3ds Max 2015 中基本操作、简单建模、样条线建模、复合建模、多边形建模、NURBS 曲线建模、材质与贴图、灯光与摄影机的应用、渲染输出、环境与效果以及基础动画、粒子系统应用等基本操作与技能，后面 2 章为综合案例部分。本书每章基本按照"明确学习目标与内容→软件功能解析→课堂案例→课后练习→综合案例"的思路进行编排，力求通过软件功能解析使学生快速掌握软件功能，通过课堂案例演练使学生快速掌握三维动画制作思路；课后练习便于学习者课后复习自测；最后两章的综合案例侧重 3ds Max 软件的实际应用技巧，培养学习者对软件的综合运用技能，为综合实训教学提供指导。全书对案例的遴选精益求精，做到与 3ds Max 相关行业无缝衔接，强调案例的针对性和实用性。编者根据多年教学与项目经验对 3ds Max 教学内容不断优化，对于一般内容或一般讲解或一带而过，做到了有的放矢，重点突出，坚持"理论够用、突出实用、即学即用"的原则，以"工学结合"为目标，采用任务式驱动教学方式，注重软件的实际应用，实现"学中做、做中学"。本书内容翔实、条理清晰、语言流畅、图文并茂、案例操作步骤细致、注重实用，使学习者易于吸收和掌握。

本书的主要特色：

（1）本书内容的选取符合国动漫、影视、广告、多媒体等专业最新的应用需求和技术趋势。本书精选的经典案例和综合项目遵循循序渐进的教学规律，易懂易学。

（2）本书为校企合作完成的"工学结合"类教材，部分案例来源企业真实项目。本书的编者有来自广州工商学院计算机科学与工程系一线教学岗位的专职教师，也有来自广州企影广告有限公司的三维动画师。

（3）注重方法的讲解与技巧的总结。在介绍具体案例制作的详细操作步骤的同时，对于一些重要而常用的知识点与技能进行了较为精辟的总结。

（4）操作步骤详细。本书中案例的操作步骤介绍非常详细，即使是初级入门的学习者，只需按照步骤一步步进行操作，一般都可以制作出一定水平的作品。

本书由广州工商学院的朱荣、胡垂立担任主编，负责全书内容的策划、修改、审稿，朱荣编写第 1、3、5、8、13 章，胡垂立编写第 7、9、10、11 章，何柳青编写第 6、12 章，张杰编写第 2、4 章，辽宁经济管理干部学院的战赤峰编写第 14 章。参与本书案例验证及编写工作的有刘珍丹、张展豪、黄娟、耿甜、李小映、魏晓玲等。

为了方便教师教学，本书配有电子教学课件及相关资源，请有此需要的教师登录华信教育资源网（www.hxedu.com.cn）注册后免费进行下载，如有问题可在网站留言板留言或与电子工业出版社联系（E-mail:hxedu@phei.com.cn）。

　　本书是编者在总结多年教学经验和三维制作经验的基础上编写而成的，编者在探索教材建设方面做了许多努力，也对书稿进行了多次审校，但由于编写时间及水平有限，难免存在一些疏漏和不足。希望同行专家和读者能给予批评指正。

编　者

目 录
Contents

第 1 章　认识 3ds Max 2015 ··(1)
- 1.1　3ds Max 2015 概述 ··(1)
  - 1.1.1　3ds Max 软件的发展与应用 ··(1)
  - 1.1.2　3ds Max 的项目工作流程 ··(4)
- 1.2　3ds Max 2015 界面介绍 ···(5)
  - 1.2.1　应用程序 ···(5)
  - 1.2.2　菜单栏 ··(6)
  - 1.2.3　主工具栏 ···(6)
  - 1.2.4　命令面板 ···(8)
  - 1.2.5　视口区 ··(8)
  - 1.2.6　视口控制区 ··(10)
  - 1.2.7　动画/时间控制区 ··(11)
- 1.3　3ds Max 2015 基础设置 ··(11)
  - 1.3.1　案例Ⅰ——自定义用户界面 ···(11)
  - 1.3.2　案例Ⅱ——文件自动备份 ··(13)
  - 1.3.3　案例Ⅲ——设置系统单位 ··(13)
  - 1.3.4　案例Ⅳ——视口布局设置 ··(14)
  - 1.3.5　案例Ⅴ——使用视口控制工具 ··(16)
- 本章小结 ···(18)
- 课后练习 ···(18)

第 2 章　3ds Max 2015 场景对象的操作 ···(19)
- 2.1　对象的属性 ···(19)
- 2.2　对象的选择 ···(21)
- 2.3　对象的变换 ···(24)
  - 2.3.1　对象的移动 ··(24)
  - 2.3.2　对象的旋转 ··(27)
  - 2.3.3　对象的缩放 ··(29)

2.4 对象的复制 (31)
2.4.1 案例Ⅰ——使用旋转工具配合【Shift】键复制 (31)
2.4.2 案例Ⅱ——使用镜像复制 (33)
2.4.3 案例Ⅲ——使用阵列复制 (35)
2.4.4 案例Ⅳ——使用间隔工具复制 (39)
2.5 对象的捕捉 (41)
本章小结 (44)
课后练习 (44)

第3章 简单三维模型的创建和修改 (46)
3.1 标准基本体 (46)
3.1.1 标准基本体的类型 (47)
3.1.2 案例Ⅰ——【长方体】制作"餐桌"模型 (48)
3.1.3 拓展练习——制作"电视柜"模型 (50)
3.2 扩展基本体 (55)
3.2.1 扩展基本体的类型 (55)
3.2.2 案例——【切角长方体】制作"沙发"模型 (56)
3.2.3 拓展练习——制作"隔断柜"模型 (58)
3.3 门、窗和楼梯 (61)
3.3.1 门、窗和楼梯的类型 (61)
3.3.2 案例Ⅰ——【枢轴门】制作"门"模型 (62)
3.3.3 案例Ⅱ——【平开窗】制作"窗户"模型 (63)
3.3.4 拓展练习——制作"楼梯"模型 (63)
3.4 常用对象空间修改器 (65)
3.4.1 对象空间修改器 (65)
3.4.2 案例Ⅰ——【倒角】制作"文字Logo"模型 (66)
3.4.3 案例Ⅱ——【车削】制作"装饰花瓶"模型 (67)
3.4.4 拓展练习——制作"镂空花篮"模型 (68)
本章小结 (69)
课后练习 (69)

第4章 样条线建模 (70)
4.1 样条线的创建 (70)
4.1.1 样条线的类型 (71)
4.1.2 转换成可编辑样条线 (73)
4.2 样条线的修改 (74)
4.2.1 "渲染"卷展栏 (74)
4.2.2 "选择"卷展栏 (76)
4.2.3 "软选择"卷展栏 (78)
4.2.4 "几何体"卷展栏 (80)
4.3 利用样条线制作三维模型 (86)
4.3.1 案例Ⅰ——"线"制作"台灯"模型 (87)

        4.3.2 案例Ⅱ——"矩形"制作"相框"模型 ································ (89)
        4.3.3 案例Ⅲ——"螺旋线"制作"创意 CD 碟架"模型 ············· (92)
        4.3.4 拓展练习——制作"水晶灯"模型 ······································ (96)
    本章小结 ·· (103)
    课后练习 ·· (103)
第 5 章 复合对象建模 ··· (104)
    5.1 复合对象的创建 ·· (104)
        5.1.1 常用复合对象类型 ··· (105)
        5.1.2 其他复合对象类型 ··· (106)
    5.2 常用复合对象的修改 ··· (107)
        5.2.1 散布的修改 ··· (107)
        5.2.2 布尔的修改 ··· (107)
        5.2.3 放样的修改 ··· (108)
    5.3 利用复合对象类型制作三维模型 ·· (108)
        5.3.1 案例Ⅰ——【散布】制作"树林"模型 ··································· (108)
        5.3.2 案例Ⅱ——【布尔】制作"铅笔"模型 ··································· (109)
        5.3.3 案例Ⅲ——【放样】制作"窗帘"模型 ··································· (112)
        5.3.4 拓展练习——制作"耳机"模型 ··· (114)
    本章小结 ·· (118)
    课后练习 ·· (118)
第 6 章 NURBS 曲线建模 ··· (120)
    6.1 NURBS 曲线的创建 ·· (120)
        6.1.1 NURBS 曲线的对象类型 ··· (120)
        6.1.2 点曲线和 CV 曲线的对比 ··· (122)
    6.2 NURBS 曲线的修改 ·· (122)
        6.2.1 "常规"卷展栏 ·· (122)
        6.2.2 "曲线近似"卷展栏 ·· (123)
        6.2.3 "创建点"卷展栏 ·· (123)
    6.3 NURBS 曲线创建功能区 ·· (125)
        6.3.1 点功能区 ··· (125)
        6.3.2 曲线功能区 ··· (126)
        6.3.3 曲面功能区 ··· (128)
    6.4 利用 NURBS 曲线制作三维模型 ··· (129)
        6.4.1 案例Ⅰ——CV 曲线制作"抱枕"模型 ··································· (129)
        6.4.2 案例Ⅱ——使用"NURBS 创建工具箱"制作"藤条装饰品"模型 ········· (130)
        6.4.3 拓展练习——制作"保温瓶"模型 ··· (132)
    本章小结 ·· (133)
    课后练习 ·· (133)
第 7 章 多边形建模 ··· (134)
    7.1 多边形建模方法 ·· (134)

  7.1.1 编辑网格与编辑多边形 ··· (134)
  7.1.2 编辑多边形 ·· (135)
 7.2 "网格平滑"修改器 ·· (146)
  7.2.1 "细分方法"卷展栏 ··· (146)
  7.2.2 "平滑程度"卷展栏 ··· (146)
  7.2.3 "局部控制"卷展栏 ··· (146)
  7.2.4 "参数"卷展栏 ··· (147)
 7.3 多边形制作三维模型 ·· (147)
  7.3.1 案例Ⅰ——制作"足球"模型 ·· (147)
  7.3.2 案例Ⅱ——制作"显示器"模型 ·· (150)
  7.3.3 拓展练习——制作"油壶"模型 ·· (155)
 本章小结 ·· (161)
 课后练习 ·· (162)

第8章 材质与贴图 ··· (163)

 8.1 认识材质 ·· (163)
  8.1.1 精简材质编辑器 ··· (163)
  8.1.2 Slate 材质编辑器 ·· (165)
 8.2 材质的类型 ·· (166)
  8.2.1 多维/子对象 ··· (166)
  8.2.2 光线跟踪 ·· (167)
  8.2.3 壳材质 ·· (169)
 8.3 常用贴图类型 ·· (169)
  8.3.1 2D 贴图 ··· (169)
  8.3.2 3D 贴图 ··· (171)
 8.4 材质与贴图的应用 ·· (173)
  8.4.1 案例Ⅰ——制作"不锈钢"材质 ·· (173)
  8.4.2 案例Ⅱ——制作"陶瓷"材质 ·· (174)
  8.4.3 案例Ⅲ——制作"玻璃"材质 ·· (176)
  8.4.4 案例Ⅳ——制作"油漆"材质 ·· (178)
  8.4.5 拓展练习——制作"树木"材质 ·· (179)
 本章小结 ·· (183)
 课后练习 ·· (183)

第9章 灯光与摄影机 ··· (184)

 9.1 灯光基础知识 ·· (184)
  9.1.1 三点照明 ·· (185)
  9.1.2 光源的类型 ·· (185)
  9.1.3 光源的基本组成部分 ··· (186)
 9.2 灯光的类型与特征 ·· (186)
  9.2.1 标准灯光 ·· (186)
  9.2.2 光度学灯光类型 ··· (188)

9.3 灯光的应用 (189)
  9.3.1 案例Ⅰ——制作"室内灯光"效果 (189)
  9.3.2 案例Ⅱ——制作"光与文字"效果 (194)
9.4 摄影机基础知识 (198)
  9.4.1 摄影机简介 (198)
  9.4.2 摄影机常用专业术语 (199)
9.5 摄影机的基本操作 (200)
  9.5.1 摄影机的类型 (200)
  9.5.2 摄影机视图操作 (200)
9.6 摄影机案例 (201)
  案例——制作"室内漫游动画" (201)
本章小结 (205)
课后练习 (206)

第10章 环境与效果 (207)

10.1 环境的设置 (207)
  10.1.1 "环境"选项卡 (207)
  10.1.2 "公用参数"卷展栏 (208)
  10.1.3 "曝光控制"卷展栏 (209)
  10.1.4 大气效果 (209)
  10.1.5 效果编辑器 (211)
10.2 环境的应用 (212)
  10.2.1 案例Ⅰ——制作"火焰"效果 (212)
  10.2.2 案例Ⅱ——制作"山中云雾"效果 (215)
本章小结 (219)
课后练习 (219)

第11章 渲染 (220)

11.1 渲染工具 (220)
11.2 "渲染设置"对话框 (221)
11.3 "公用参数"卷展栏 (222)
11.4 默认扫描渲染器 (224)
  案例——渲染器的应用 (225)
11.5 "高级照明"选项卡 (227)
  11.5.1 光跟踪器 (227)
  11.5.2 光能传递 (228)
11.6 高级照明的应用 (231)
  案例——光能传递的应用 (231)
本章小结 (233)
课后练习 (234)

第12章 三维动画基础 (235)

12.1 动画制作基础 (235)

		12.1.1 动画制作工具 ………………………………………………………… (235)
		12.1.2 动画控制区 …………………………………………………………… (236)
		12.1.3 动画时间设置 ………………………………………………………… (236)
		12.1.4 关键帧的编辑 ………………………………………………………… (237)
	12.2 动画制作案例 ………………………………………………………………… (237)
		12.2.1 案例Ⅰ——制作"飞机飞行"动画 …………………………………… (237)
		12.2.2 案例Ⅱ——制作"灯光舞动"动画 …………………………………… (237)
		12.2.3 拓展练习——制作"海水波动"动画 ………………………………… (239)
	12.3 粒子系统 ……………………………………………………………………… (241)
		12.3.1 粒子系统的分类 ………………………………………………………… (241)
		12.3.2 粒子系统参数设置 ……………………………………………………… (241)
	12.4 粒子动画案例 ………………………………………………………………… (242)
		12.4.1 案例Ⅰ——制作"雪花飘落"动画 …………………………………… (242)
		12.4.2 案例Ⅱ——制作"喷泉"动画 ………………………………………… (244)
		12.4.3 拓展练习——制作"礼花绽放"动画 ………………………………… (245)
	本章小结 ……………………………………………………………………………… (248)
	课后练习 ……………………………………………………………………………… (248)

第13章 综合案例Ⅰ——室内效果图表现 ………………………………………… (249)
	13.1 室内效果图表现 ……………………………………………………………… (249)
	13.2 室内效果图制作流程 ………………………………………………………… (250)
	13.3 简约卧室效果图制作 ………………………………………………………… (251)
		13.3.1 搭建框架 ………………………………………………………………… (251)
		13.3.2 架设摄像机 ……………………………………………………………… (259)
		13.3.3 合并模型 ………………………………………………………………… (259)
		13.3.4 布置灯光 ………………………………………………………………… (262)
		13.3.5 赋予材质 ………………………………………………………………… (263)
		13.3.6 后期处理 ………………………………………………………………… (268)
	本章小结 ……………………………………………………………………………… (268)
	课后练习 ……………………………………………………………………………… (268)

第14章 综合案例Ⅱ——影视片头动画 …………………………………………… (270)
	14.1 影视片头制作流程 …………………………………………………………… (270)
	14.2 影视片头动画制作 …………………………………………………………… (271)
		14.2.1 建立模型和场景 ………………………………………………………… (271)
		14.2.2 创建动画 ………………………………………………………………… (274)
		14.2.3 渲染输出序列 …………………………………………………………… (275)
		14.2.4 后期合成 ………………………………………………………………… (276)
	本章小结 ……………………………………………………………………………… (279)
	课后练习 ……………………………………………………………………………… (279)

第 1 章

认识 3ds Max 2015

3ds Max 是一款三维建模渲染和动画制作软件，在个人计算机上可以快速创建专业品质的 3D 模型、照片级真实感的静止图像以及电影品质的动画。目前，Autodesk 公司推出的最新版本的三维建模渲染和动画制作软件是 3ds Max 2015。本章将介绍 3ds Max 2015 的发展与应用、界面布局和基础设置。

学习目标

- 了解 3ds Max 2015 的界面
- 掌握自定义用户界面的参数设置
- 熟练使用视口控制工具

学习内容

- 3ds Max 项目工作流程
- 3ds Max 2015 的界面布局
- 自定义用户界面
- 视口配置与视口控制

1.1　3ds Max 2015 概述

1.1.1　3ds Max 软件的发展与应用

1. 3ds Max 软件的发展

3ds Max 的前身是 Discreet Logic 公司基于 DOS 操作系统开发的 3D Studio 系列软件，在 Autodesk 公司将 Discreet Logic 公司并购后，3D Studio 被正式更名为 Autodesk 3ds Max。1996 年，Discreet Logic 公司开发的 3D Studio Max 1.0 是真正意义上能在 Windows 平台上运行的软

件；在 1999 年 4 月发布的 3D Studio Max R3，是带有 Kinetix 标志的最后版本。经历了 4.0 版到 7.0 版的发展后，Autodesk 公司正式发售了 3ds Max 8。到了 3ds Max 2010 版本，该软件的默认界面变成了黑色的 UI，在对视口的选取上，可以直接在透视口中进行。3ds Max 2011 新增了"板岩（Slate）材质"编辑器，节点式的材质编辑方式更加有利于复杂材质的制作。3ds Max 2012 新增了 Iray 渲染器，使渲染与灯光的设置更加简易，效果更加真实。3ds Max 2013 新增了的线型工具"Egg"，可以直接绘制鸡蛋模型；新增的 Maya 交互模式提高了与 Maya 的互操作性。3ds Max 2014 只支持 64 位的操作系统，在 2013 版本的基础上增加了填充群组功能、向量贴图、粒子流增强功能、2D 平移和缩放模式及增强型菜单。Autodesk 推出的 3ds Max 2015 提供了高效的新工具、更快的性能以及简化的工作流，3ds Max 2015 的启动界面如图 1.1 所示。

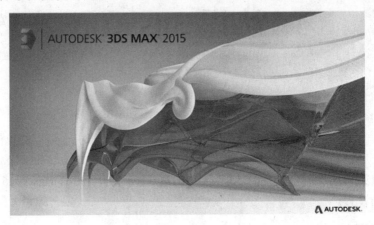

图 1.1　3ds Max 2015 的启动界面

2. 3ds Max 软件的应用

　　Autodesk 3ds Max 是一款非常优秀的三维建模渲染与动画制作软件，更由于其基于 PC 的低配置要求、灵活的建模方式、支持插件的扩展功能，3ds Max 被广泛应用于影视、广告、3D 游戏、建筑室内外表现、工业设计等领域。

　　在影视动画与特效领域，很多大型的影视场景特效和动画角色都会应用到 3ds Max。在国内外影视行业中就有很多高品质的代表作，如《钢铁侠》、《拆弹部队》、《阿凡达》、《地心历险记》、《功夫》、《大闹天宫》、《侠岚》等，如图 1.2 所示。

图 1.2　影视动画特效

　　在电视栏目包装方面，为了增强观众对电视栏目的识别能力和确立品牌地位，往往会通过使用 3ds Max、AE、Photoshop 等软件来制作出艺术品级的效果，如图 1.3 所示。

图 1.3 电视栏目包装

在建筑室内外表现领域，3ds Max 的强大功能更是得到了最大程度的应用。使用 3ds Max 建模、灯光、材质、VRay 渲染器、AfterBurn、DreamScape、Ivy、Trees Storm 等，可以制作出照片级的各种场景效果图，如图 1.4 所示。

图 1.4 建筑室内外表现

在游戏设计领域，使用 3ds Max 高/低多边形建模技术与贴图技术，配合使用 ZBrush、Unity 3D、Body Paint 等软件，制作完整的角色，制作道具装备，绘制人物、盔甲、衣服等相关的纹理，制作手 K 动画和各种游戏常规动作。目前，3D 类的网页游戏、手机游戏、次世代网游、次世代主机游戏非常多，如魔兽世界、古墓丽影、细胞分裂、刺客信条等。3ds Max 在游戏设计领域的应用如图 1.5 所示。

图 1.5 游戏设计

在工业产品设计领域，为了设计出具有一定实用功能和审美价值的实物，许多设计人员往往会将 3ds Max 与 Rhino 结合起来制作工业模型，即在使用 Rhino 建模后，将模型输入到 3ds Max 中，设置好材质、贴图及灯光后进行渲染，制作出专业级的造型设计图。3ds Max 在工业产品设计领域的应用如图 1.6 所示。

图 1.6 工业产品设计

1.1.2 3ds Max 的项目工作流程

一般情况下，使用 3ds Max 在计算机上快速创建专业品质的 3D 模型、真实感的静止图像或者电影品质的动画等作品，会按照以下几个的工作流程来完成。

1. 设置场景

运行 3ds Max 时就启动了一个未命名的新场景。首先，需要设置系统单位。对此，可通过在"自定义"菜单下选择"单位设置"子菜单来进行。其次，可以设置栅格间距。在"工具"菜单下选择"栅格和捕捉"子菜单，再选择"栅格和捕捉设置"选项即可设置主栅格的间距等。最后，需要备份和保存场景，经常备份和保存场景可以避免因操作失误而造成文件丢失。

2. 建立对象模型

场景设置好后就可以创建对象了。在"创建"命令面板上选择对象类别和类型，然后在视口中可通过单击或拖动来创建对象；在"修改"命令面板中，可以通过参数设置和选择合适的修改器来修改对象，从而形成 3D 模型。

3. 制作和使用材质

模型建立好后，使用"材质编辑器"来制作材质和贴图。可以先通过设置基本的材质属性来制作具有真实感的单色材质，然后通过应用贴图扩展材质的真实度，最后将制作好的材质指定给对象模型就可以控制对象曲面的外观。

4. 放置灯光和摄像机

在"创建"命令面板上，可以选择灯光或摄像机的类型放入视口中。首先，需要为整个场景提供照明；其次，对特定的对象位置提供照明，更能增加场景的美感和真实感；最后，可以设置摄影机动画来产生电影的效果，如推拉和平移拍摄。其实，在场景中放置灯光和摄影机就像在电影布景中放置灯光和摄影机一样。

5. 设置场景动画

如果要将场景以动画的形式来输出，那就要给对象设置动画。单击动画控制区的"自动关键点"按钮启用自动创建动画，拖动时间滑块，并在场景中变换对象或更改参数就可以创建动画效果。也可以通过打开"轨迹视图"窗口或更改"运动"面板上的选项来编辑动画。

6. 渲染场景

在渲染场景之前一般都会定义场景的环境和背景。在"渲染"菜单下选择"环境"或"效果"选项，打开"环境和效果"对话框，可以设置背景颜色或环境贴图，可以添加效果。接着就可以单击工具栏上的"渲染设置"按钮 对场景进行渲染。

1.2 3ds Max 2015 界面介绍

3ds Max 2015 主界面默认以暗色显示，为了更好地显示本教材中的图片，我们修改了用户界面方案，使主界面以亮色显示，如图 1.7 所示，显示了主界面的布局和各个功能区。

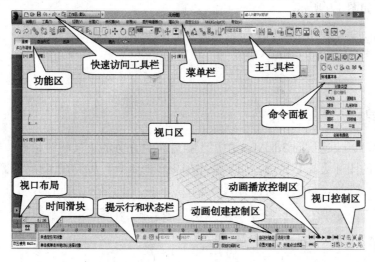

图 1.7 3ds Max 2015 主界面

1.2.1 应用程序

"应用程序"按钮 位于 3ds Max 2015 主界面左上角，单击该按钮会弹出下拉菜单，其中包括"新建""重置""打开""保存""另存为""导入""导出""发送到""参考""管理""属性"和"最近使用的文档"共 12 子菜单；子菜单后面有三角形，表示还有下一级菜单，如图 1.8 所示。

图 1.8 应用程序

1.2.2 菜单栏

菜单栏位于主界面的顶端,包括"编辑""工具""组""视图""创建""修改器""动画""图形编辑器""渲染""自定义""MAXScript(x)""帮助"共12个菜单,每个菜单下都具有特定功能的子菜单,或者说是功能命令。菜单栏在"1280×1024"的分辨率下才能全部显示出来,如图1.9所示。

图1.9 菜单栏

1.2.3 主工具栏

通过工具栏可以快速访问3ds Max中用于执行常见任务的工具和对话框,如图1.10所示。工具栏中被选中的图标会高亮显示,如果要添加更多的工具,可以在工具栏的空白位置右击,然后根据需要进行选择,每个工具都有其特定的功能,下面将分别进行介绍。

图1.10 主工具栏

- "选择并链接"按钮:用于将两个对象链接为父与子的层级关系。单击该按钮,选择一个或多个对象作为子对象,然后将链接光标从选定对象拖到单个父对象。
- "断开当前选择链接"按钮:单击该按钮可移除从选定对象到它们的父对象的链接。
- "绑定到空间扭曲"按钮:用于将场景中选择的对象附加到空间扭曲,单击该按钮,在要绑定的对象和空间扭曲对象之间拖动一条线,空间扭曲对象会闪烁片刻以表示绑定成功。空间扭曲能创建使其他对象变形的力场,从而创建出涟漪、波浪和风吹等效果。
- "选择对象"按钮:用于选择场景中的对象。
- "按名称选择"按钮:用于按名称选择场景中的对象。单击该按钮,弹出"从场景中选择"对话框,可在该对话框的该类别中选择对象。
- "矩形选择区域"按钮:用于选择矩形范围内的对象。单击并按住该按钮即可打开和弹出其他按钮,从上到下依次包含"矩形选择区域""圆形选择区域""围栏选择区域""套索选择区域"和"绘制选择区域"按钮。
- "窗口/交叉"按钮:用于在窗口和交叉模式之间进行切换。在"交叉"模式中,可以选择区域内的所有对象或子对象,以及与区域边界相交的任何对象或子对象。在"窗口"模式中,只能选择所选内容内的对象或子对象。
- "选择并移动"按钮:用于移动场景中的对象。先单击该按钮,再单击场景中的对象进行选择,就可以拖动鼠标按照坐标轴方向移动该对象。
- "选择并旋转"按钮:用于旋转场景中的对象。先单击该按钮,再单击对象进行选择,就可以拖动鼠标按照坐标轴方向旋转该对象。
- "选择并均匀缩放"按钮:用于均匀缩放场景中的对象。单击并按住该按钮即可打开并弹出其他按钮,从上到下依次包含"选择并均匀缩放""选择并非均匀缩放"和"选择并挤压"

按钮。

"使用轴点中心"按钮：用于确定缩放和旋转等操作几何中心的三种访问方法，包括"使用轴点中心""使用选择中心"和"使用变换坐标中心"。

"选择并操纵"按钮：用于通过在视口中拖动"操纵器"，编辑某些对象、修改器和控制器的参数。在"选择对象"按钮或其他对象操作之一为活动状态时，单击该按钮才可以操纵对象。但是，在选择一个操纵器辅助对象之前必须禁用"选择并操纵"。

"键盘快捷键覆盖切换"按钮：用于在"主用户界面"快捷键和主快捷键或组快捷键之间进行切换。

"捕捉开关"按钮：用于在创建和变换对象期间捕捉现有几何体的特定部分，也可以捕捉栅格切换、中点、轴点、面中心和其他选项。

"角度捕捉切换"按钮：用于将场景中的对象以设置的增量围绕指定坐标轴旋转。默认情况下，旋转角度以 5 度递增。

"百分比捕捉切换"按钮：用于将场景中的对象按指定的百分比进行缩放，默认值为10%。

"微调器捕捉切换"按钮：微调器捕捉切换用于设置 3ds Max 中所有微调器的一次单击式增加值或减少值。

"编辑命令选择集"按钮：单击该按钮，显示"编辑命名选择"对话框，可用于管理子对象的命名选择集。

"镜像"按钮：单击该按钮，将打开"镜像"对话框，在该对话框中可以选择对应的参数进行设置。

"对齐"按钮：用于将当前选择的对象与目标对象进行对齐。单击并按住该按钮即可弹出其他按钮，从上到下依次包含"对齐""快速对齐""法线对齐""放置高光""对齐摄影机"和"对齐到视图"。

"层管理器"按钮：用于组织和管理复杂场景中的对象。可以新建层、查看和编辑场景中所有层的设置，以及与其相关联的对象；可以指定光能传递解决方案中的名称、可见性、渲染性、颜色以及对象和层的包含等。

"切换功能区"按钮：单击该按钮可弹出"石墨建模工具栏"，该工具栏包含所有标准编辑/可编辑多边形工具，以及用于创建、选择和编辑几何体的其他工具。此外，还可以根据自己的喜好自定义功能区。

"曲线编辑器"按钮："曲线编辑器"是一种轨迹视图模式，可用于处理在图形上表示为函数曲线的运动。使用曲线上的关键点及其切线控制柄，可以轻松查看和控制场景中各个对象的运动和动画效果。

"图解视图"按钮："图解视图"是基于节点的场景图，通过它可以访问对象属性、材质、控制器、修改器、层次和不可见场景关系。

"材质编辑器"按钮：用于创建和编辑材质以及贴图的功能。包括"精简材质编辑器"和"Slate 材质编辑器"两个材质编辑器界面。

"渲染设置"按钮：单击该按钮，弹出的"渲染设置"对话框具有多个选项卡，可根据需要对参数进行设置。

"渲染帧窗口"按钮：单击该按钮，在弹出的窗口中按照需要选择渲染区域或保存图像等。进行设置后，再单击窗口中的渲染按钮，可开始渲染输出。

"渲染产品"按钮：也叫快速渲染工具，单击该按钮可直接显示渲染输出效果。

1.2.4 命令面板

命令面板位于主界面的右侧，包括"创建""修改""层级""运动""显示""应用"六个选项卡，每个选项卡下又包含着多种选项，如图1.11所示。

图1.11 命令面板

"创建"命令面板：包含用于创建对象的控件，这是在3ds Max中构建新场景的第一步。"创建"面板包括"几何体""图形""灯光""摄像机""辅助工具""空间扭曲""系统"7个对象种类。

"修改"命令面板：包含用于将"修改器"应用于对象控件，以及修改可编辑对象的控件。显示场景中被选对象的名称、颜色和基本属性，在"修改器"列表中，有三种不同类型共104项"修改器"可供选择。

"层级"命令面板：包含用于管理层次、关节和反向运动学中链接的控件。"层级"命令面板包含"轴""IK"和"链接信息"三个选项卡。"轴"用于调整对象轴点的位置和方向；反向运动学"IK"是在层次链接概念基础上创建的设置动画的方法，它翻转链操纵的方向。

"运动"命令面板：包含动画控制器和轨迹的控件。启用"子对象"后的关键点，关键点将以一定间距移动，也可以更改关键点属性。"轨迹"可绘制对象在视口中穿行的路径。

"显示"命令面板：包含用于隐藏和显示对象的控件，以及其他显示选项。使用"显示"面板可以隐藏和取消隐藏、冻结和解冻对象、改变其显示特性、加速视口显示以及简化建模步骤。

"实用程序"命令面板：包含用于管理和调用实用程序的控件。

1.2.5 视口区

1. 常用视口类型

默认情况下，3ds Max 2014会呈现4个视口，包括顶视口、前视口、左视口、透视视口，分别可以通过快捷键T、F、L、P来切换视口。视口区左边有一个"四元菜单"按钮，表示当前的视口布局是标准视口布局。单击"创建新的视口布局选项卡"按钮" "，弹出"标准视口布局"选项卡，其中共有12种布局选项可供选择，如图1.12所示。

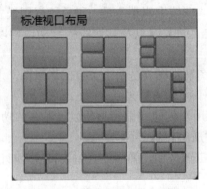

图1.12 标准视口布局

2. 视口配置

在菜单栏中的"视图"菜单中，找到"视口配置"子菜单，或者右键单击"视口控制区"，都可以弹出"视口配置"对话框，该对话框包括"布局""背景""安全框"等选项卡，如图 1.13 所示。其中，"背景"选项卡用于对视口的背景进行配置，"安全框"选项卡可以设置在活动视口中显示安全框，如图 1.14 所示。透视视口是当前活动视口，中间的黄色线框就是安全框。

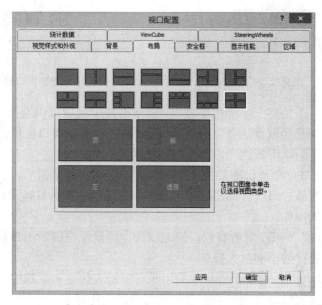

图 1.13 "视口配置"对话框

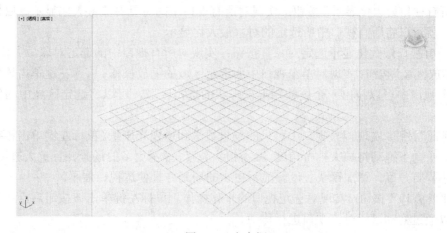

图 1.14 安全框

3. "视口标签"菜单

3ds Max 2014 的每个视口左上角提供了三种标签菜单，每个标签是一个可单击的快捷菜单，用于控制视口显示。单击"常规视口标签"按钮"[+]"，可以设置最大化视口、显示栅格和配置视口等；单击"观察点（POV）视口标签"按钮"[透视]"，可以切换视口类型、显示安全框等；单击"明暗处理视口标签"按钮"[真实]"，用于选择对象在视口中的显示方式，在透视视口中默认显示"真实"，在其他视口中默认显示"线框"。

1.2.6 视口控制区

在 3ds Max 2015 主界面的右下角显示的 8 个按钮图形就是对视口进行控制的工具。透视视口激活的状态下，视口控制区如图 1.15 所示；其他视口激活的状态下，视口控制区如图 1.16 所示。

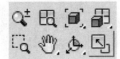　　　　　　　　

图 1.15　正交视口控制区　　　　图 1.16　透视视口控制区

部分按钮图形的右下角有一个黑色小三角，表示有多个选项可供选择。当选择某个按钮图标时，将高亮显示；如果要取消选择，可以按【Esc】键，或在视口区单击鼠标右键。下面按照从左到右、从上到下的顺序依次介绍各个按钮的功能：

"缩放"按钮：对单个视口的缩放操作。鼠标左键单击该按钮后，再单击一个视口区，就可以通过拖动鼠标对该视口进行缩小和放大操作。按【Ctrl+Alt+鼠标滚动轴】快捷键也可以对视口进行缩小和放大操作。

"缩放所有视口"按钮：对所有视口的缩放操作。鼠标左键单击该按钮后，就可以通过拖动鼠标对所有视口进行缩小和放大操作。

"最大化显示"按钮：对单个视口中的可见对象最大化显示。选中任意一个视口后，鼠标左键单击该按钮，就可以将该视口中所有可见对象最大化显示。

"最大化显示选定对象"按钮：对单个视口中的选定对象最大化显示。

"所有视口最大化显示"按钮：实现对所有视口中的可见对象最大化显示。鼠标左键单击该按钮，就可以将所有视口中所选定的对象最大化显示。

"所有视口最大化显示选定对象"按钮：实现对所有视口中的选定对象最大化显示。

"缩放区域"按钮：实现对单个视口中所选定区域的缩放操作。鼠标左键单击该按钮后，在任意一个视口中可以拉出一个虚线矩形框形状的选定区域，可以将选定区域中的任意对象放大。

"视野"按钮：实现调整视口中可见的场景数量和透视光斑量。鼠标左键单击该按钮后，在透视视口中向下拖动将扩大视野角度，减小镜头长度，显示更多的场景并且扩大透视口范围，反之将缩小视野角度，增加镜头长度，显示更少的场景并且使透视口展平。

"平移视口"按钮：实现对选定视口的平移操作。鼠标左键单击该按钮后，在任意一个视口中可以通过拖动鼠标对该视口进行移动。

"2D 平移缩放模式"按钮：该按钮在 1.1.2 小节中的 3ds Max 2015 新增功能已经进行了详细讲解，这里就不赘述。

"环绕"按钮：实现对单个视口的角度调节，将视口中心用作旋转中心。

"环绕子对象"按钮：将当前选定子对象的中心用作旋转的中心。

"选定的环绕"按钮：将当前选择的中心用作旋转的中心。

"最大化视口切换"按钮：实现对选定视口的最大化显示操作。

1.2.7 动画/时间控制区

在 3ds Max 2015 主界面中的动画/时间控制区，用于控制动画的播放效果，如图 1.17 和图 1.18 所示。

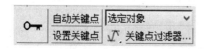
图 1.17 动画控制区

图 1.18 时间控制区

"切换自动关键点模式"按钮：在"自动关键点"动画模式中，对场景中对象位置、旋转和缩放等所做的更改都会自动生成关键帧。禁用"自动关键点"后，这些更改将应用到第 0 帧。

"切换设置关键点模式"按钮：在"设置关键点"动画模式中，可以使用"设置关键点"按钮和"关键点过滤器"按钮的组合为选定对象的各个轨迹创建关键点。

"新建关键点的默认入出切线"按钮：该按钮提供快速设置默认切线类型的方法。改变切线类型不会影响现有的关键帧，只会影响新的关键帧。

"打开过滤器对话框"按钮：可以指定使用"设置关键点"时创建关键点所在的轨迹。默认轨迹为"位置""旋转""缩放"和"IK 参数"。

"时间配置"按钮：单击该按钮会弹出"时间配置"对话框，对话框中提供了帧速率、时间显示、播放和动画的设置。可以更改动画的长度或者拉伸或重缩放，还可以用于设置活动时间段和动画的开始帧和结束帧。

1.3 3ds Max 2015 基础设置

1.3.1 案例 I——自定义用户界面

步骤 1：启动 3ds Max 2015，执行"自定义→加载自定义用户界面"命令子菜单，在弹出的"加载自定义用户界面方案"对话框中有四种 UI 文件可供选择，如图 1.19 所示，选择"ame-light"后主界面亮色显示。

图 1.19 "加载自定义用户界面方案"对话框

步骤2：执行"自定义→自定义用户界面"命令，在弹出的"自定义用户界面"对话框中，选择"颜色"选项卡，选择"视口"元素，选择下方的"视口背景"，单击右边"颜色"后的方框，在弹出的"颜色选择器"对话框中选择白色，如图 1.20 所示。单击"确定"按钮后回到"自定义用户界面"对话框中，单击右边的"立即应用颜色"按钮，除透视视口外，其他三个视口的背景颜色都变成白色，如图1.21所示。

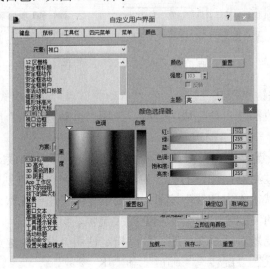

图 1.20 "定义用户界面"对话框

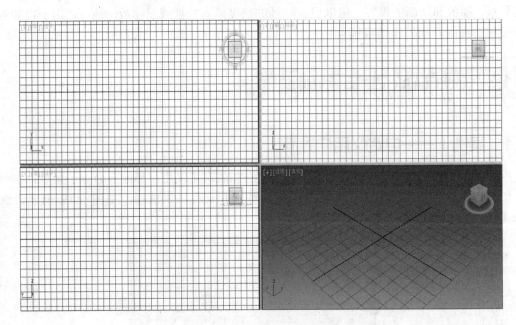

图 1.21 视口背景颜色变成白色

步骤3：如果要还原视口背景颜色，可以再次单击"自定义用户界面"对话框中"颜色"后的方框，在弹出的"颜色选择器"对话框中将亮度修改为"125"，单击【确定】按钮后回到"自定义用户界面"对话框，单击右边的"立即应用颜色"按钮即可，如图1.22所示。

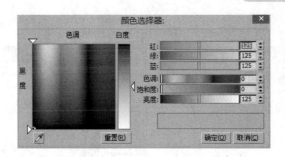

图 1.22　恢复视口背景颜色

1.3.2　案例 Ⅱ ——文件自动备份

3ds Max 2015 在运行过程中占用的系统资源较大，容易出现文件自动关闭或死机现象，解决这样的问题的办法就是文件备份的习惯。

步骤 1：启动 3ds Max 2014，在菜单栏执行"自定义→首选项"命令，弹出"首选项设置"对话框。

步骤 2：在弹出的"首选项设置"对话框中选择"文件"选项卡，如图 1.23 所示。在"文件处理"选项组中将"保存时备份"项勾选，在"自动备份"选项组中可根据需要修改"Autobak 文件数"和"备份间隔（分钟）"数。

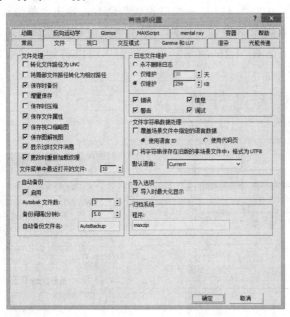

图 1.23　"首选项设置"对话框

1.3.3　案例 Ⅲ ——设置系统单位

步骤 1：启动 3ds Max 2015，单击"快速访问工具栏"上的"打开文件"按钮"📂"，或者按【Ctrl+O】组合键，在弹出的"打开文件"对话框中选择素材中的"案例文件/第 1 章/设置系统单位.max"文件，接着单击打开按钮，打开的场景如图 1.24 所示。

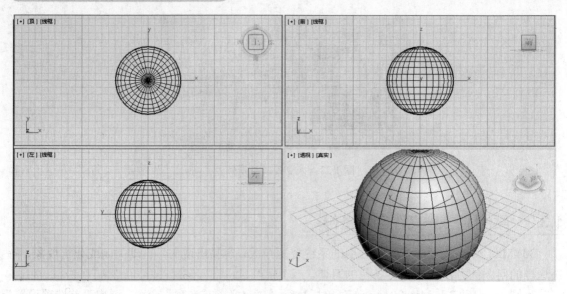

图 1.24 "设置系统单位.max"文件的场景

步骤 2：选中场景中的球体后，单击"修改"命令面板按钮" "，在下面的"参数"卷展栏下可以看到半径是"50"，没有单位。执行菜单栏中的"自定义→单位设置"命令，打开"单位设置"对话框。在"显示单位比例"选项组中选择"公制"中的"毫米"，如图 1.25 所示。

步骤 3：执行菜单栏中的"自定义→单位设置"命令，弹出"单位设置"对话框。单击"单位设置"对话框中的"系统单位设置"按钮，弹出"系统单位设置"对话框，在"系统单位比例"选项组中选择毫米，如图 1.26 所示。单击确定后可以看到"参数"卷展栏中的半径出现了对应的毫米单位。

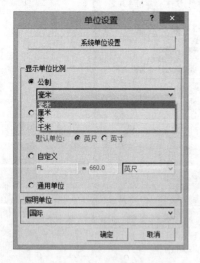

图 1.25 "单位设置"对话框

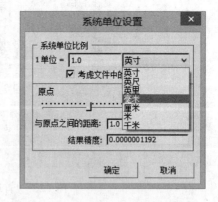

图 1.26 "系统单位设置"对话框

1.3.4 案例Ⅳ——视口布局设置

步骤 1：启动 3ds Max 2015，单击"快速访问工具栏"上的"打开文件"按钮" "，或者按【Ctrl+O】组合键，在弹出的"打开文件"对话框中选择素材中的"案例文件/第 1 章/视口布局设置.max"文件，接着单击打开按钮，打开的场景如图 1.27 所示，场景中只出现了透视视口，在视口右边的"四元菜单"也显示为一个视口。

图 1.27 "视口布局设置.max"场景

步骤 2：再执行菜单栏中的"视口→视口配置"命令，打开"视口配置"对话框。在"布局"选项卡中选择第二行第三个图标，如图 1.28 所示，单击"确定"按钮后，场景如图 1.29 所示。也可以通过单击视口区左边的"创建新的布局选项卡"按钮，在"标准视口布局"窗口中进行选择。

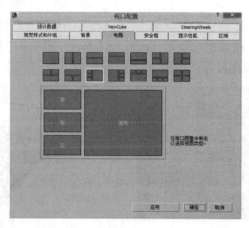

图 1.28 "视口配置"对话框

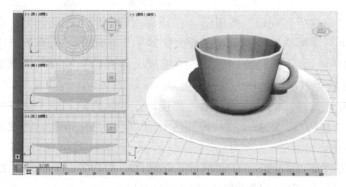

图 1.29 设置视口布局后的场景

1.3.5 案例Ⅴ——使用视口控制工具

步骤 1：启动 3ds Max 2015，单击"快速访问工具栏"上的"打开文件"按钮，或者按【Ctrl+O】组合键，在弹出的"打开文件"对话框中选择素材中的"案例文件/第 1 章/使用视口控制按钮.max"文件，接着单击打开按钮，打开的场景如图 1.30 所示。

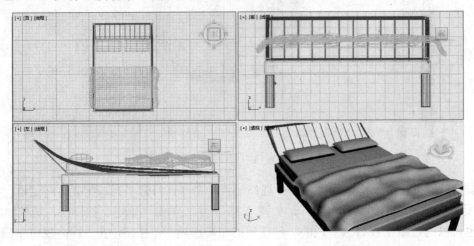

图 1.30 "使用视口控制按钮.max"文件的场景

步骤 2：在透视视口激活的状态下，单击"视口控制区"的"缩放"按钮" "，在透视视口中向上拖动鼠标，使得视口放大显示，如图 1.31 所示。再单击"最大化显示"按钮" "，将透视视口中的床对象最大化显示，如图 1.32 所示。

图 1.31 使用缩放按钮后　　　　　　　图 1.32 单击"最大化显示"按钮后的效果

步骤 3：单击"缩放所有视口"按钮，在任意视口中向下拖动鼠标，将所有视口缩小成如图 1.33 所示的状态。再单击"所有视图最大化显示"按钮，所有视口中的床对象都最大化显示，如图 1.34 所示。"视口控制区"的"缩放所有视口"按钮仍然被选中并呈高亮显示，按住【Esc】键就可以取消选中。

步骤 4：在透视视口激活的状态下，单击"视口控制区"的"最大化视口切换"按钮，此时场景中只看到透视视口，选择"视口控制区"的"环绕"按钮，将视口中的角度调节为如图 1.35 所示的状态。

步骤 5：再单击"视口控制区"的"缩放"按钮，将对象进行放大，继续单击"视口控制区"的"平移视口"按钮，将视口平移到如图 1.36 所示的位置。

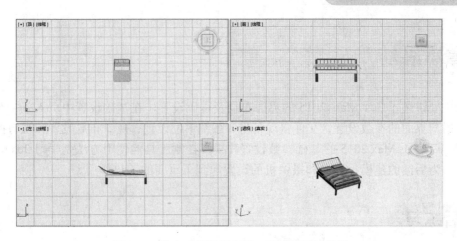

图 1.33 单击"缩放所有视口"按钮后的效果

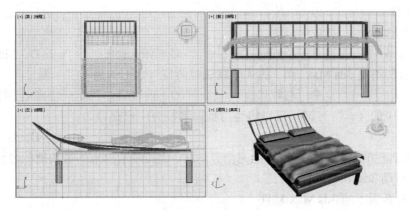

图 1.34 单击"所有视图最大化显示"按钮后的效果

图 1.35 单击"最大化视口切换"和"环绕"按钮后的效果

图 1.36 单击"缩放"和"平移视口"按钮后的效果

本章小结

本章主要讲述了 3ds Max 2015 的界面布局及基础设置，在基础设置中引入五个案例来介绍自定义用户界面的参数设置、文件自动备份、系统单位设置、视口布局设置和视口控制区工具的使用。掌握 3ds Max 2015 的基础参数设置和视口控制工具的使用方法是学习 3ds Max 软件的第一步，为后续的建模、灯光和摄像机的设置起到了重要的铺垫作用。

课后练习

一、选择题

1. 3ds Max 由（　　）公司开发。

   A．Autodesk　　　　B．Adobe　　　　C．Mcrosoft　　　　D．Macromedia

2. 下列视图不是 3ds Max 2015 的 4 个默认视图窗口之一的为（　　）。

   A．顶视口　　　　B．右视口　　　　C．前视口　　　　D．透视视口

3. 按键盘中的（　　）键，可以将当前视口切换为用户视口。

   A．F 键　　　　B．T 键　　　　C．L 键　　　　D．U 键

4. 当主工具栏的某些工具按钮不能完全显示时，让其显示出来的最快捷的方法是（　　）。

   A．重新启动 3ds Max 软件

   B．安装最新版本的 3ds Max 软件

   C．删除 3ds Max.ini 文件后重新启动 3ds Max 软件

   D．依据实际情况提高屏幕的分辨率

5. 以下关于单位设置叙述正确的是＿＿＿＿。

   A．可以通过"重缩放世界单位"来更改系统的单位设置

   B．不可以自定义显示单位比例

   C．主栅格单位随系统单位中的设置更改而更改

   D．"单位设置"中"公制"的最小选择为毫米（mm）

二、思考题

1. 在一台电脑中制作完成的场景文件，当在其他电脑中打开时，往往会因为找不到贴图路径而丢失贴图，如何解决这个问题？

2. 在 3ds Max 2015 的主工具栏上，可以用来选择场景中的对象的按钮有哪些？

第2章

3ds Max 2015 场景对象的操作

3ds Max 2015 提供了许多工具，并不是在每个场景的工作中都会用到所有的工具，但是基本上在每个场景的工作中都会使用选择、变换、复制等工具进行操作，而对齐和捕捉对象也是使用频率比较高的工具。因此，本章主要讨论创建场景对象时的基本操作工具。

学习目标

- 了解对象属性的查看
- 掌握对象选择工具操作
- 掌握对象位置、方向及体量比例的变换操作
- 掌握对象复制工具操作
- 掌握对象对齐和捕捉工具的操作

学习内容

- 3ds Max 对象的选择
- 3ds Max 对象的变换
- 3ds Max 对象的复制
- 3ds Max 对象的对齐和捕捉

2.1 对象的属性

在 3ds Max 2015 中，创建的对象不仅有其自身的固有属性，还可以通过相关的命令为其设置通用的属性，这些通用属性用于控制对象在场景中是否隐藏、是否参与渲染等全局设置。下面通过操作来了解对象属性的基本信息。

步骤 1：启动 3ds Max 2015，单击"快速访问工具栏"上的"打开文件"按钮，或者按【Ctrl+O】组合键，在弹出的"打开文件"对话框中选择素材中的"案例文件/第 2 章/对象的属

性.max"文件,接着单击"打开"按钮,打开的场景如图 2.1 所示。

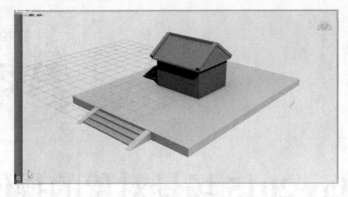

图 2.1 "对象的属性.max"文件的场景

步骤 2:鼠标单击场景中房子红色墙体的部分,然后右击,在弹出的快捷菜单中选中"对象属性"选项,便可打开"对象属性"对话框,如图 2.2 和图 2.3 所示。

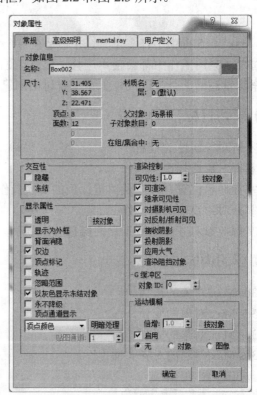

图 2.2 右键快捷菜单　　　　　　　　图 2.3 "对象属性"对话框

步骤 3:在"对象属性"对话框中,把"名称"栏中的内容删除,并输入自定义的名称"墙",即可把对象的名称由原来的"Box002"修改为"墙"。单击"名称"栏后的色块方框■,弹出"对象颜色"对话框,可以从"对象颜色"的色板上选择蓝颜色,并按"确定"按钮退出,即可把"墙"的颜色更改为蓝颜色,如图 2.4 所示。

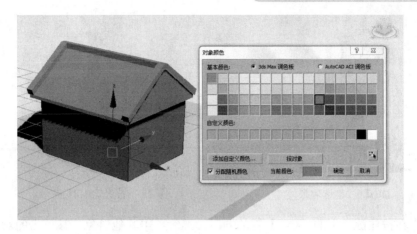

图 2.4 "对象颜色"对话框

2.2 对象的选择

3ds Max 软件的大多数操作,都是针对场景中某个或某几个选定的对象进行的,在应用各种命令之前,必须要选择对象,因此对象的选择操作尤其重要。在 3ds Max 中进行选择操作有很多种方法和命令。使用鼠标和键盘配合进行选择,再结合使用各种命令,是最常用的选择方法。在主工具栏中,按钮 都是针对对象进行选择的,前文中已经介绍过。

1. 基本选择

步骤 1:启动 3ds Max 2015,按【Ctrl+O】组合键,在弹出的"打开文件"对话框中选择素材中的"案例文件/第 2 章/对象的选择.max"文件,接着单击"打开"按钮,打开场景如图 2.5 所示。

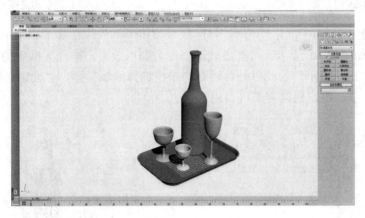

图 2.5 "对象的选择.max"场景

步骤 2:确认主工具栏中"选择对象"的按钮 处于被激活的状态,如果按钮是灰色就是未被激活,可以直接单击或用键盘上的快捷键"Q"进行激活。将光标移动到绿色酒瓶上方时,光标变成十字形,此时单击便可选中酒瓶。或者按下鼠标左键不放并进行拖动,会形成一个虚线框,如图 2.6 所示。只要框住酒瓶一部分,也可以把酒瓶选中。注意,选中的对象会显示出其线框效果,如图 2.7 所示。

图2.6 框选效果

图2.7 被选定的酒瓶

步骤 3：在按住键盘上的【Ctrl】键的同时，继续单击其他对象，被单击的对象都将处于被选定的状态，如图2.8所示。如果在按住【Alt】键的同时，单击已经选中的对象，那么被单击的对象会被取消选择，如图2.9所示。

图2.8 按【Ctrl】键加选粉红色与黄色酒杯

图2.9 按【Alt】键取消选定粉红色酒杯

步骤 4：在主工具栏中单击"矩形选择区域"按钮 不放，在其下拉菜单中单击"圆形选择区域"按钮，如图2.10所示，可把虚线选框变为圆形效果，被选区框中的对象都被纳入选定的范围，如图2.11所示。除此以外，还有"围栏选择区域" 、"套索选择区域" 以及"绘制选择区域" ，用户根据需要可自由选择。

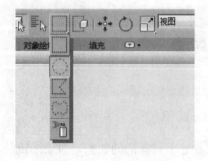
图2.10 选择区域下拉菜单

图2.11 圆形选择区域选定对象

步骤 5：在主工具栏中单击"窗口/交叉"按钮 可将其切换为 状态，也就是说，该按钮在灰色状态" "时，该按钮为"交叉"工具，此时进行区域框选只要选区某部分与对象交叉即可以选中对象。而该按钮在黄色状态时 ,该按钮变为"窗口"工具,此时进行区域框选必须圈住整个对象,才能把对象选中。如若要将酒瓶选中,就必须进行如图2.12所示的操作。

图2.12 框选整个酒瓶

2. 按名称选择

在创建和编辑大型复杂场景时,如果通过简单的鼠标和键盘操作进行选择,很难精准地选中对象,在这种情况下,可以通过"按名称选择"工具来进行对象的选择。

步骤1:启动3ds Max 2015,按【Ctrl+O】组合键,在弹出的"打开文件"对话框中选择素材中的"案例文件/第2章/按名称选择.max"文件,接着单击【打开】按钮,打开场景如图2.13所示。

图2.13 "按名称选择.max"场景

步骤2:在主工具栏上单击"按名称选择"工具按钮 ,会弹出"从场景选择"对话框,如图2.14所示。在该对话框名称列表下,可以精确地选中所需要的对象。如要从场景中选中"蓝色托盘"和"粉红色酒杯",那么,只要在列表中点选"蓝色托盘"并按【Ctrl】键加选"粉红色酒杯"即可,如图2.15所示。

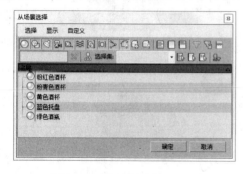

图2.14 "从场景选择"对话框

图2.15 从列表中选中对象

步骤3：然后单击"确定"按钮退出，即可把两者同时选中，选中的对象在线框显示模式下会呈现出统一的线框颜色，如图2.16所示。"从场景选择"对话框中的"▣◎◎◣▲◈▶◁"按钮中，可以排除不需要的对象类型。

图2.16 按名称选定的对象

2.3 对象的变换

3ds Max 中对象的变换，指的是使对象产生位置、方向以及体量比例的变换。主工具栏上的"选择并移动"工具按钮 ✥、"选择并旋转"工具按钮 ↻ 和"选择均匀缩放"工具 ⬚ 就是分别用于对象的移动、旋转和缩放操作的。

2.3.1 对象的移动

步骤1：启动3ds Max 2015，按【Ctrl+O】组合键，在弹出的"打开文件"对话框中选择素材中的"案例文件/第2章/对象的移动.max"文件，接着单击"打开"按钮，打开场景如图2.17所示。

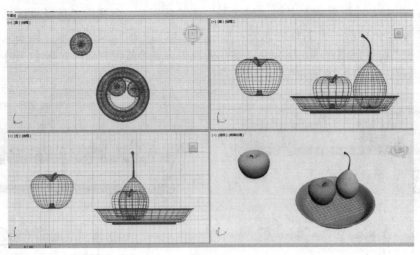

图2.17 "对象的移动.max"场景

步骤2：如果需要把青苹果移动到圆盘内，就必须使用"选择并移动"工具。单击主工具栏上的 按钮或直接按【W】快捷键，切换为"选择并移动"工具，在透视视口中选中青苹果。然后在顶视口中单击一下"变换Gizmo"上X轴与Y轴夹角形成的方形平面，使其变为黄色状态，即可锁定青苹果只能在X轴与Y轴方向形成的平面上移动。然后拖动鼠标把青苹果移动到盘子的上方，如图2.18所示。

图2.18　从顶视口移动青苹果到圆盘上方

步骤3：从其他视口看，青苹果只是浮在圆盘上方。这时，可以在左视口或前视口的"变换Gizmo"上单击一下其垂直方向的轴向Z轴（若Z轴在该视口不是垂直方向的轴向，请点选垂直方向的轴），锁定其垂直方向的移动。然后把青苹果拖动到与红苹果与梨底面平齐的高度即可，如图2.19所示。

步骤4：3ds Max中还提供精确移动的方式。选中圆盘，右键单击"选择并移动"工具按钮 ，即会弹出"移动变换输入"对话框，如图2.20所示。将"绝对:世界"参数栏中的X、Y、Z三项参数都设置为0，那么圆盘会回归到世界坐标原点的位置，圆盘的边缘和青苹果有了重合，如图2.21所示。在"移动变换输入"对话框中，将"偏移:世界"参数栏中的X、Y、Z依次设置为"0""20""50"，注意，"偏移:世界"参数在产生结果后马上归零，而先前归零的"绝对:世界"参数却产生了变化，如图2.22所示。

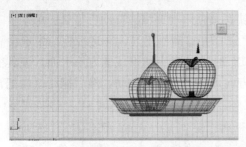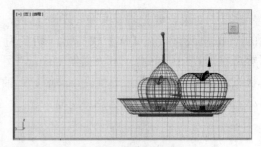

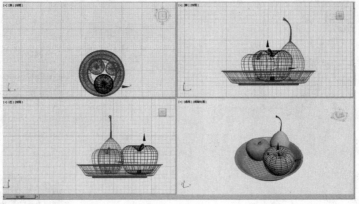

图 2.19　从左视口往下移动青苹果到圆盘内

图 2.20　"移动变换输入"对话框

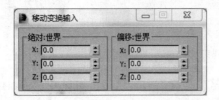

图 2.21　"绝对:世界"参数归零

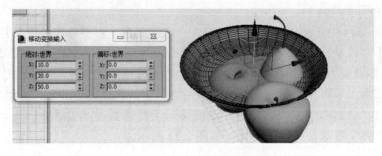

图 2.22　"偏移:世界"参数归零

2.3.2 对象的旋转

步骤 1：启动 3ds Max 2015，按【Ctrl+O】组合键，在弹出的"打开文件"对话框中选择素材中的"案例文件/第 2 章/对象的旋转.max"文件，接着单击"打开"按钮，打开场景如图 2.23 所示。

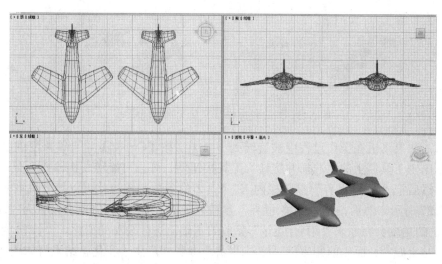

图 2.23 "对象的旋转.max"场景

步骤 2：单击主工具栏上的 按钮或直接按【E】快捷键，切换为"选择并旋转"工具，选中左边的飞机。"变换 Gizmo"旋转标记上有三个不同颜色的环形圈，其中红色代表以 X 轴为中心轴进行旋转的方向，绿色代表以 Y 轴为中心轴进行旋转的方向，蓝色代表以 Z 轴为中心轴进行旋转的方向，如图 2.24 所示。

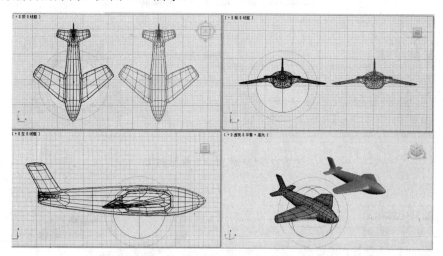

图 2.24 用"选择并旋转"工具选中飞机

步骤 3：在透视视口中直接进行操作。鼠标移动到绿色外圈上，使其变成黄色，按住鼠标不放就可对飞机进行以 Y 轴为轴心的旋转，如图 2.25 所示。按【Ctrl+Z】组合键进行返回操作，使旋转的飞机恢复原始状态，然后可重新利用 X、Z 轴对飞机进行不同方向的旋转。

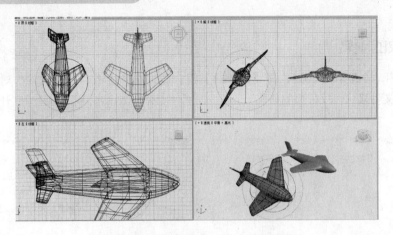

图 2.25 对飞机进行以 Y 轴为轴心的旋转

步骤 4：如果飞机在操作过程中被旋转到一个无法按【Ctrl+Z】组合键恢复的状态，那么可以右键单击主工具栏上的"选择并旋转"工具按钮，弹出"旋转变换输入"对话框，如图2.26 所示。然后把"绝对:世界"参数栏内 X、Y、Z 的参数归零，就可以使飞机恢复原来的方向，如图 2.27 所示。然后，把"偏移:世界"参数栏中 X、Y、Z 的值依次设置为"20""30""50"，飞机的角度会在原来"绝对:世界"参数的基础上进行叠加的变化，"偏移:世界"参数在生效后会马上归零，而先前归零的"绝对:世界"参数却产生了变化，结果将如图 2.28 所示。

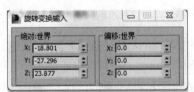

图 2.26 "旋转变换输入"对话框

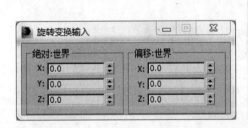
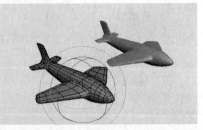

图 2.27 "绝对:世界"参数归零

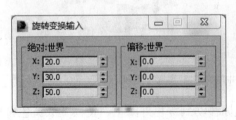
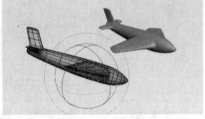

图 2.28 "偏移:世界"参数归零

2.3.3 对象的缩放

步骤1：启动 3ds Max 2015，按【Ctrl+O】组合键，在弹出的"打开文件"对话框中选择素材中的"案例文件/第 2 章/对象的缩放.max"文件，接着单击打开按钮，打开场景如图 2.29 所示。

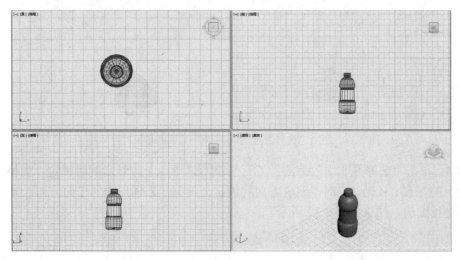

图 2.29 "对象的缩放.max"场景

步骤 2：单击主工具栏上的"选择均匀缩放"工具按钮 或直接按【R】快捷键，在透视视口选中场景中的瓶子。此时鼠标一定要放在"变换 Gizmo"缩放标记三轴形成的三角平面上，并使其变成黄色，这就锁定三个轴向，然后按下鼠标左键进行拖动，就可以对瓶子进行整体等比缩放。图 2.30 所示即为瓶子整体放大的效果。

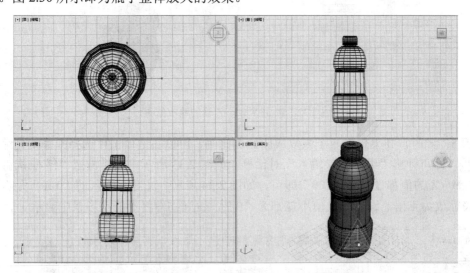

图 2.30 使用"选择均匀缩放"工具将对象整体等比放大

步骤3：单击"选择并非均匀缩放"工具按钮 选中瓶子，然后用鼠标单击一下"变换 Gizmo"缩放标记的 Z 轴，使其变为黄色。这时，缩放方向就锁定为垂直方向，此时拖动鼠标对瓶子缩放，可以得到一个压扁的瓶子，如图 2.31 所示。

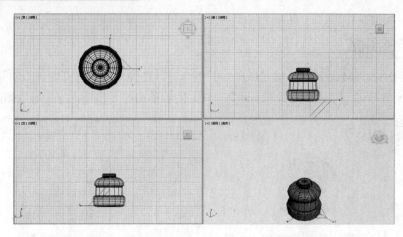

图 2.31 使用"选择并非均匀缩放"工具将对象进行压缩

步骤 4：单击"选择并非均匀缩放"工具按钮选中瓶子，然后同时锁定"变换 Gizmo"缩放标记上的 Y 轴、Z 轴。这时，缩放方向就锁定为 Y 轴、Z 轴形成的平面方向，此时拖动鼠标对瓶子进行缩放，结果如图 2.32 所示。

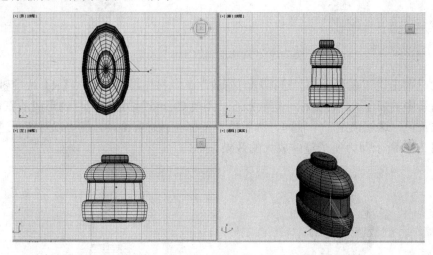

图 2.32 锁定 Y 轴、Z 轴的缩放结果

步骤 5：此时，如果想把瓶子恢复成原始的比例，可以右键单击"选择并非均匀缩放"工具按钮，即可弹出"缩放变换输入"对话框，如图 2.33 所示。然后再把"绝对:局部"参数栏中 X、Y、Z 的值都设置为"100"即可，如图 2.34 所示。注意，输入的"100"是百分比的值，代表缩放为 1 倍，这里的数值不能都为"0"，否则物体将不能在场景中显示了。

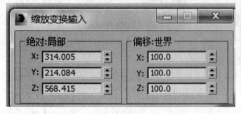

图 2.33 "缩放变换输入"对话框

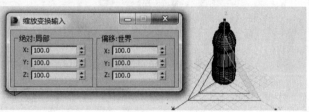

图 2.34 瓶子恢复原始比例

步骤 6：如果在"偏移:世界"中输入一个数值，即会在"绝对:局部"参数的基础上产生相乘的变化，这个数值在等于"100"时无效。如"绝对:局部"参数栏中 X 轴的值为"200"时，在"偏移:世界"X 轴参数栏输入"80"，那么"绝对:局部"的参数会变成200×80%，即"160"。而"偏移:世界"参数在生效后会马上恢复数值"100"，如图 2.35 所示。

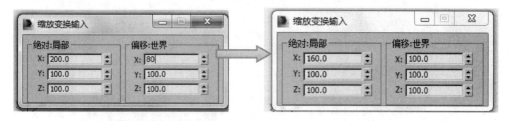

图 2.35 "绝对:局部"的参数与"偏移:世界"参数关系

2.4 对象的复制

在 3ds Max 中，使用变换工具将对象进行变换时，可以快速完成对一个或多个选定对象的复制。要进行复制操作时，只要在进行移动、旋转或缩放的同时按住【Shift】键，即弹出"克隆选项"对话框，如图 2.36 所示。其各选项的含义如下：

复制：创建一个与原始对象完全无关的克隆对象。修改一个对象时，个会对另外一个对象产生影响。

实例：创建原始对象的完全可交互克隆对象。修改实例对象与修改原对象的效果完全相同。

参考：创建与原始对象有关的克隆对象，原始对象与克隆对象是主次关系。如果给原始对象添加修改器并调整修改器，那么克隆对象也会产生一样的修改器和修改效果。但反之给克隆对象添加修改器时，原始对象则不会有变化。

图 2.36 "克隆选项"对话框

2.4.1 案例Ⅰ——使用旋转工具配合【Shift】键复制

步骤 1：启动 3ds Max 2015，按【Ctrl+O】组合键，在弹出的"打开文件"对话框中选择素材中的"案例文件/第 2 章/使用旋转工具配合【Shift】键复制.max"文件，接着单击"打开"按钮，打开场景如图 2.37 所示。

这是一个欧式的庭院小景，但其中只有一根柱子，显然不能很好地支持整个顶部，且在视觉上也不美观。因此，需要根据半圆形的顶部复制出几根新的柱子。

步骤 2：选中柱子，在"命令面板"单击按钮切换为"层次"面板，然后单击激活"仅影响轴"，在顶视口把柱子的轴心移动到圆形地面的中心位置上，如图 2.38 所示。然后单击关闭"仅影响轴"。

步骤 3：按【E】快捷键切换为"旋转并选择"工具，在顶视口以 Z 轴为轴心对柱子进行旋转，在旋转的同时按住【Shift】键，即可弹出"克隆选项"对话框，如图 2.39 所示。

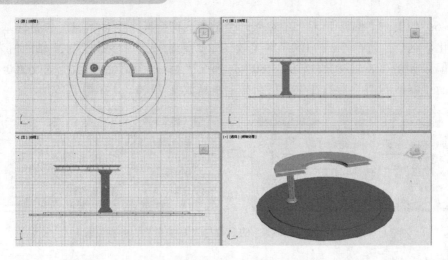

图 2.37 "使用旋转工具配合【Shift】键复制.max"场景

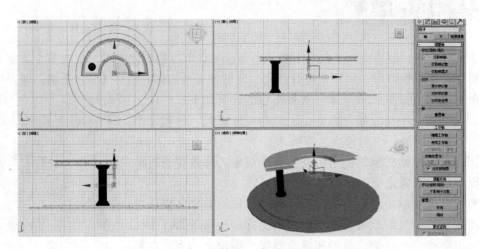

图 2.38 移动柱子的轴心位置

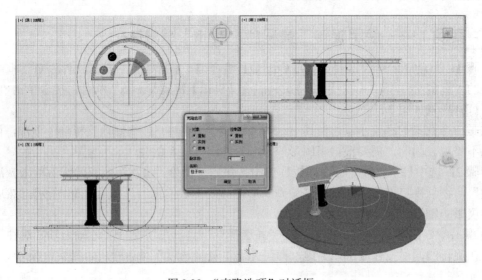

图 2.39 "克隆选项"对话框

步骤 4：在"副本数"一栏中输入 4，按"确定"按钮退出，即可获得如图 2.40 所示效果。注意，在本案例中，对柱子进行复制之前，必须修改柱子的轴心位置，确保柱子轴心处于圆形地面的中心，否则，在复制时，就不能得到适合本场景的柱子副本了。

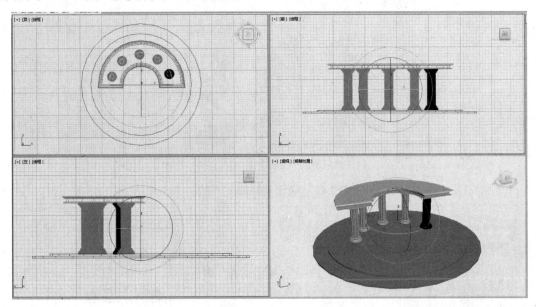

图 2.40　复制 4 根柱子副本后的效果

2.4.2　案例 Ⅱ——使用镜像复制

镜像工具可以将选定的对象进行镜像复制，或者在不创建新克隆对象的情况下镜像对象的方向。在主工具栏上单击"镜像"工具按钮，打开"镜像:世界 坐标"对话框，如图 2.41 所示。

相关选项栏含义如下：

镜像轴：在该选项中提供了可供选择的镜像轴或界面，分别为 X、Y、Z、XY、YZ、ZX，选择其中一项就可指定镜像所依据的轴。

偏移：该参数可以控制镜像对象离原始位置相对的偏移距离。

克隆当前选择：用于设置由镜像功能创建的副本类型。

镜像 IK 限制：勾选该复选框后，当围绕某个轴镜像几何体时，会导致 IK 约束与几何体一起镜像。

步骤 1：启动 3ds Max 2015，按【Ctrl+O】组合键，在弹出的"打开文件"对话框中选择素材中的"案例文件/第 2 章/镜像复制.max"文件，接着单击"打开"按钮，打开场景如图 2.42 所示。

步骤 2：在透视视口中选中场景中的小人摆件，然后使用镜像工具在 X 轴上进行镜像操作，并设置偏移值为"250"。结果如图 2.43 所示。

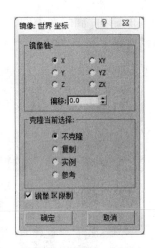

图 2.41　"镜像"对话框

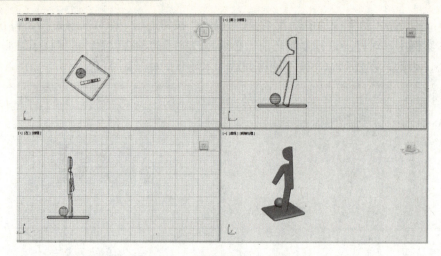

图 2.42 "镜像复制.max"场景

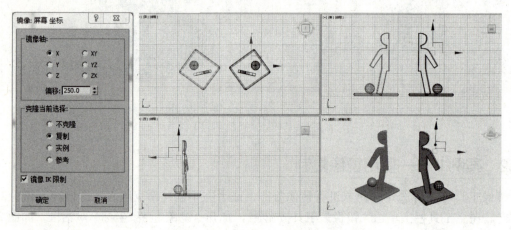

图 2.43 在 X 轴上进行镜像复制

步骤 3：同时选中原始对象和副本，继续使用镜像工具在 YZ 平面上进行镜像复制，并把偏移值设置为"200"。结果如图 2.44 所示。

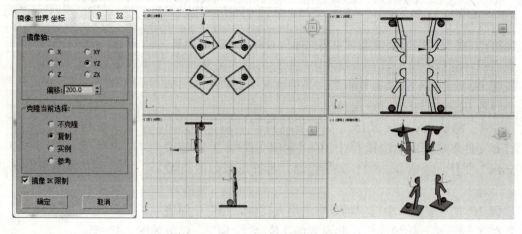

图 2.44 在 YZ 平面上进行镜像复制

2.4.3 案例Ⅲ——使用阵列复制

"阵列"工具按钮 位于"附加"浮动工具栏中,是用于复制、精准变换和定位多组对象的多维度空间工具。使用该工具,可以快速并精准地把一个对象复制为矩形阵列的副本,或以一定角度旋转的环形阵列副本,以及按一定规律缩放的副本。

步骤1:启动 3ds Max 2015,按【Ctrl+O】组合键,在弹出的"打开文件"对话框中选择素材中的"案例文件/第 2 章/阵列复制.max"文件,接着单击"打开"按钮,打开场景如图 2.45 所示。这是一个盛着泡芙点心的烤盘,如果想迅速地把泡芙排满整个烤盘,就需要用"阵列"工具对泡芙进行复制。

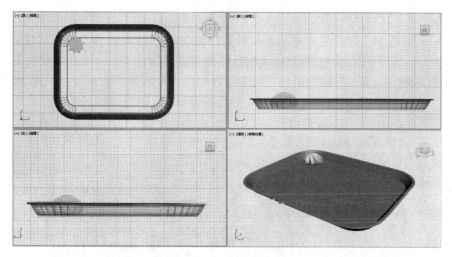

图 2.45 "阵列复制.max"场景

步骤2:在主工具栏中单击鼠标右键,在弹出的快捷菜单中勾选"附加"项,即可弹出"附加"浮动工具栏。如图 2.46 所示。

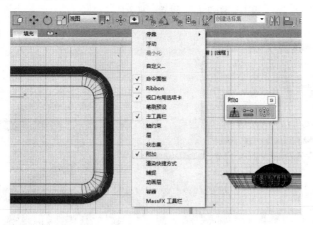

图 2.46 "附加"浮动工具栏

按快捷键【Q】激活"选择"工具,选中烤盘上的泡芙,然后单击"阵列"工具按钮" ",即可弹出"阵列"对话框,如图 2.47 所示。

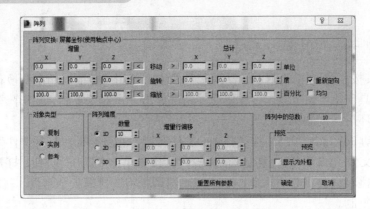

图 2.47 "阵列"对话框

步骤 3：把"阵列"对话框中移动增量参数栏的 X 轴参数设置为"120"。把对象类型选项设置为复制，"阵列维度"选择 2D。但 1D 的数量要设置为"5"，2D 数量设置为"4"，然后在增量行偏移中设置 Y 轴的值为"-100"，此时可见阵列中的总数会变为"20"（包括原始的对象），如图 2.48 所示，最终结果如图 2.49 所示。

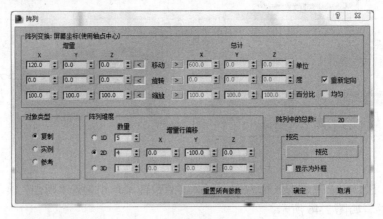

图 2.48 设置"阵列"参数

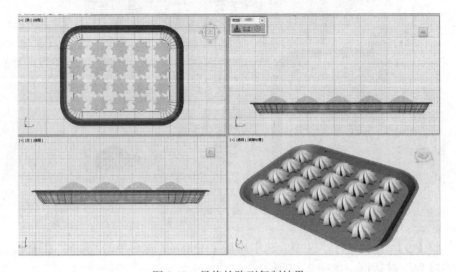

图 2.49 最终的阵列复制结果

步骤4：按【Ctrl+Z】组合键执行返回或重新打开素材中的"案例文件/第2章/阵列复制.max"文件命令，再按快捷键【W】选择泡芙，然后在"命令面板"上单击 按钮切换为"层次"面板，然后单击激活"仅影响轴"，把泡芙的轴心移动到其底部，再移动到图 2.50 中的位置。然后单击关闭"仅影响轴"。

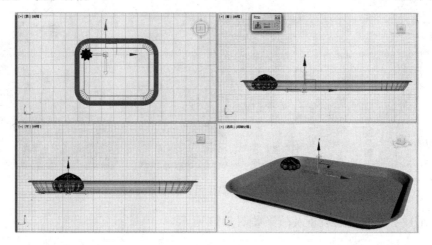

图 2.50　泡芙的轴心位置

步骤5：单击 按钮打开"阵列"对话框，单击旋转"阵列变换:世界坐标"选项组中"旋转"后面的小箭头 ，激活总计参数栏，在 Z 轴位置输入"360"，在"对象类型"中选择"复制"，在"阵列维度"选项组中选择 1D，并在数量中输入"12"，按"确定"按钮退出，效果如图 2.51 所示。

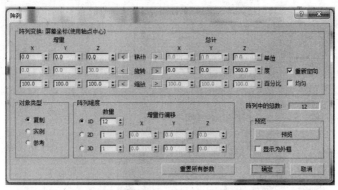

图 2.51　泡芙的旋转阵列效果

步骤6：如果使用不同的参数设置，得到的阵列效果也可千变万化。

移动与旋转参数组合的效果如图2.52所示。

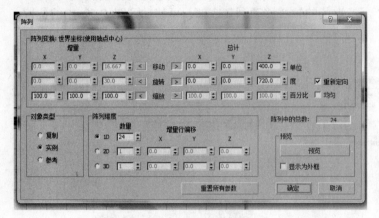

图2.52　移动与旋转参数组合的泡芙阵列效果

旋转与缩放参数组合的设置及效果如图2.53所示。

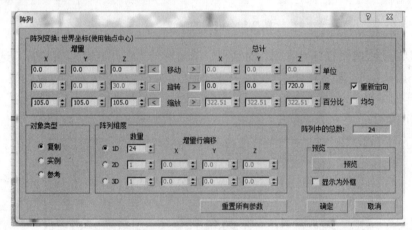

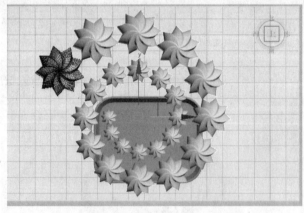

图2.53　旋转与缩放组合参数的泡芙陈列效果

2.4.4 案例Ⅳ——使用间隔工具复制

间隔工具可以使一个或多个对象分布在一条样条线或两个点定义的路径上。当选定对象后使用间隔工具,这时会开启相应的对话框。在对话框中可以设置克隆的数量和在样条线上分布的状态,相关对话框如图2.54所示。

拾取路径:单击该按钮,然后即可单击拾取场景中的样条线作为副本分布的路径。

拾取点:单击该按钮,然后单击起点和终点,可在栅格上定义路径,可以使用对象捕捉指定空间中的点。

参数:在该选项组中,可以设置对象的具体分布状态。

前后关系:在该选项组中可以设置对象之间的关系。

对象类型:在该选项组中可以确定由间隔工具创建的副本类型。

步骤1:启动3ds Max 2015,按【Ctrl+O】组合键,在弹出的"打开文件"对话框中选择素材中的"案例文件/第2章/间隔复制.max"文件,接着单击"打开"按钮,打开场景,如图2.55所示。

图2.54 "间隔工具"对话框

图2.55 "间隔复制.max"场景

可见场景中有两条曲线和一颗卡通树的模型。如果想让树沿曲线进行排列分布的复制,用间隔工具即可完成。

步骤2:按【Shift+I】组合键快速打开"间隔工具"对话框,选中对象"树",然后单击"拾取路径"按钮,在场景中点选其中一条曲线,"拾取路径"按钮上就会出现所拾取曲线的名称。在"计数"一栏中输入"6",那么沿着该曲线会均匀分布6棵同样的树,如图2.56所示。

 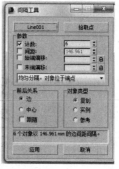

图2.56 通过"拾取路径"方式进行间隔复制

步骤 3：如果勾选参数栏中的"始端偏移"选项，并输入数值"200"，按【Enter】键，树的副本会在曲线始端偏移一段距离后才开始平均分布，如图 2.57 所示。

图 2.57 "始端偏移"效果

步骤 4：如果再勾选参数栏中的"末端偏移"选项，并输入数值"300"，按【Enter】键，树的副本会在外曲线中间集中分布，如图 2.58 所示。

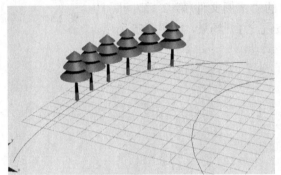

图 2.58 "末端偏移"效果

步骤 5：在参数栏的下拉菜单中再次选择"均匀分隔，对象位于端点"选项，那么"间隔工具"的结果将会恢复到如图 2.59 的效果。按所需效果调整好后，单击"应用"按钮，就可将结果确定下来，并可再次进行另外的间隔复制。

步骤 6：单击"拾取点"按钮，在场景中点选两个点，在两点间会出现一条蓝色的直线，在第二次单击松开后，树的副本会直接沿刚才点选的点所形成的直线进行均匀分布，如图 2.59 所示。如果觉得结果不满意，单击"关闭"按钮即可取消复制。

图 2.59 以"拾取点"方式进行间隔复制的效果

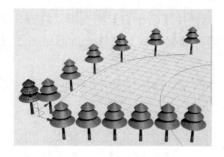

图 2.59 以"拾取点"方式进行间隔复制的效果(续)

2.5 对象的捕捉

在 3ds Max 中,在创建或变换对象时,可以利用捕捉工具精确控制对象的尺寸和放置,该功能也有相应的参数对话框,用以设置参数值。

"维度捕捉"工具按钮位于主工具栏中,当按下"捕捉开关"按钮,并使按钮变成黄色时,捕捉生效,按钮位置及其下拉选项如图 2.60 所示。另外,也可通过按【S】快捷键进行操作。

维度捕捉共有三种模式,分别为 2D 捕捉、2.5D 捕捉、3D 捕捉。

"2D 捕捉":光标仅捕捉活动构建栅格,包括该栅格平面上的任何几何体,而将忽略 Z 轴或垂直尺寸。

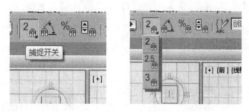

图 2.60 "捕捉开关"按钮及其下拉选项

"2.5D 捕捉":光标仅捕捉活动栅格上对象投影的顶点或边缘。

"3D 捕捉":光标直接捕捉到三维空间中的任何几何体。

使用鼠标右击"捕捉开关"按钮时,会弹出"栅格和捕捉设置"对话框,如图 2.61 所示。可以在其中勾选需要捕捉的点、线或面。单击"清除全部"按钮,即不勾选任何选项。

图 2.61 "栅格和捕捉设置"对话框

步骤1：启动3ds Max 2015，按【Ctrl+O】组合键，在弹出的"打开文件"对话框中选择素材中的"案例文件/第2章/维度捕捉.max"文件，接着单击"打开"按钮，打开如图2.62所示场景。

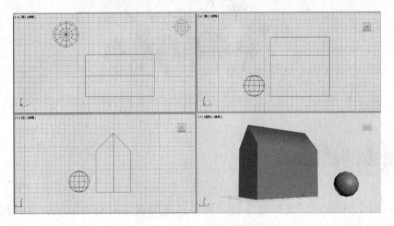

图2.62 "维度捕捉.max"场景

步骤2：单击激活"捕捉开关"按钮，单击"3D捕捉"工具按钮。使用鼠标右键单击"捕捉开关"按钮，在弹出的"栅格和捕捉设置"对话框中勾选"顶点"一项的复选框。然后打开控制面板中的"创建"面板，激活"图形"按钮，单击"线"对象类型，如图2.63所示。

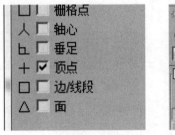 

图2.63 选择"线"对象类型

步骤3：在顶视口中"房子"的结构线上方挪动光标，发现光标移动到"房子"顶点附近时，"房子"顶点上会出现一个黄色的十字标记，表示光标已经捕捉到了顶点，此时从"房子"左上角的顶点开始，按顺时针方向依次单击捕捉到的六个顶点的位置，最后再次单击左上角的顶点，在弹出的"样条线"对话框中单击"是"进行样条线闭合，如图2.64所示。

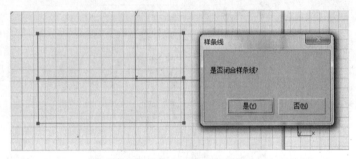

图2.64 依次捕捉顶点并闭合样条线

步骤 4：在透视视口中，把样条线从"房子"上移开，就会发现，刚才的操作，已经根据房顶的造型，绘制了一条在三维空间上的样条线，可以在各个视口中看到样条线的不同效果，如图 2.65 所示。

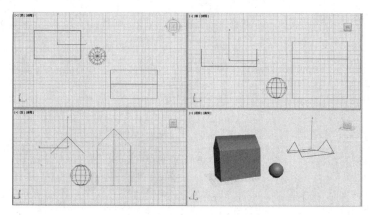

图 2.65　样条线的三维效果

步骤 5：单击激活"捕捉开关"按钮，选择"2.5D 捕捉"，再次单击激活"线"，在顶视口中，同样以上面的方法单击捕捉到的顶点绘制样条线，注意要把样条线闭合。创建好后把样条线移开，效果截然不同，此次绘制的样条线只是一个平面矩形，如图 2.66 所示。

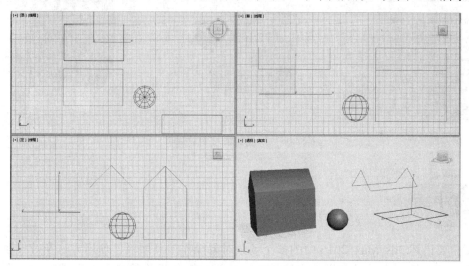

图 2.66　绘制出的平面矩形效果

步骤 6：把平面矩形的 Z 轴位置改为"0"。然后单击激活"捕捉开关"按钮，选择"2D 捕捉"，然后打开控制面板中的"创建"面板，激活"图形"按钮，单击激活"弧"，在顶视口中平面矩形的结构线上，在捕捉到的顶点位置，按下鼠标左键进行拖动，在捕捉到的第二个顶点处放开，移动鼠标创建出一段弧，再次单击左键确定弧度，效果如图 2.67 所示。

步骤 7：单击激活"捕捉开关"按钮，再次选择"3D 捕捉"，使用鼠标右键单击"捕捉开关"按钮，在弹出的"栅格和捕捉设置"对话框中勾选"顶点"以及"中点"两项的复选框。这时，根据捕捉选中球体上的某个顶点，将其移动就可把该顶点对准到房子的任意顶点或房子上任意结构线的中点上。如果选中锁定的是球体的三轴架，那么就可以把球体的轴心对准到房子的任意顶点或房子上任意结构线的中点上，如图 2.68 所示。

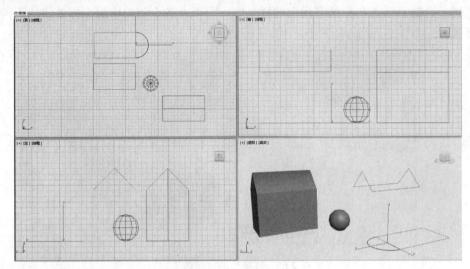

图 2.67　绘制出的弧形效果

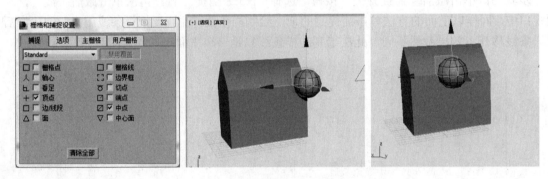

图 2.68　顶点捕捉与中点捕捉

本章小结

本章主要讲述 3ds Max 2015 中的多个场景对象操作工具面板、使用方法及效果演示。以上对场景对象的操作工具是使用频率比较的工具类型，是操作场景与对象的基础。本章从初步认识对象的属性出发，通过多个案例分解场景对象的选择、变换、复制、对齐和捕捉等多种基本工具的操作步骤和应用技巧。

课后练习

打开素材中的"案例文件/第 2 章/阶梯.max"文件，思考怎样用阵列工具将单个的方块复制成图 2.69 所示的垂直阶梯效果以及旋转阶梯效果。

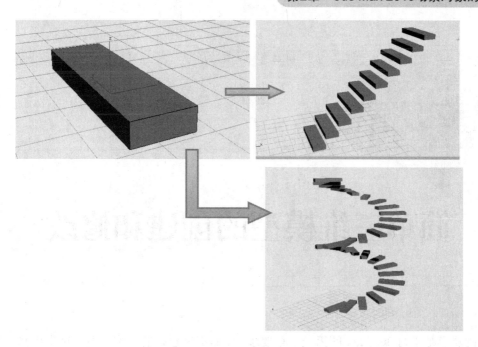

图 2.69 "阶梯.max" 场景

第3章

简单三维模型的创建和修改

基础建模是学习 3ds Max 的第一个重要步骤,而将创建好的三维模型通过常用修改器的修改即可创作出不同形态的作品,这些都体现了 3ds Max 所具备的强大的三维模型制作功能。本章将介绍 3ds Max 2015 的标准基本体、扩展基本体等基本模型创建工具和常用修改命令,为后续的高级建模提供基本的技术支撑。

● 学习目标

- 了解创建命令面板和修改命令面板
- 掌握常用修改器的应用和参数设置
- 熟练使用标准基本体、扩展基本体制作三维模型
- 熟练使用门、窗、楼梯制作建筑构件

● 学习内容

- 通过标准基本体制作三维模型
- 通过扩展基本体制作三维模型
- 门、窗、楼梯制作建筑构件
- 常用修改器的应用

3.1 标准基本体

在 3ds Max 2015 创建命令面板中,单击"几何体"按钮 后,可以看到几何体的类型,如图 3.1 所示。

图 3.1　几何体的类型

3.1.1　标准基本体的类型

标准基本体创建面板包含了 10 种对象类型，如图 3.2 所示。单击"对象类型"面板上的任意一个对象按钮，在视口中可完成该标准基本体对象的创建，在修改面板的"参数"卷展栏中可以通过修改参数来制作不同风格的三维模型。标准基本体所有对象类型的示例和创建步骤如表 3.1 所示。

 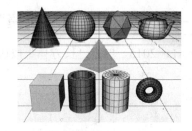

图 3.2　标准基本体的类型

表 3.1　标准基本体的示例和创建步骤

示　例	创建步骤	示　例	创建步骤
	长方体： ① 按住鼠标左键，沿着对角线的方向拖动鼠标； ② 释放鼠标左键，再向上移动鼠标		管状体： ① 按住鼠标左键，沿着对角线的方向拖动鼠标； ② 释放鼠标左键，再沿着圆环的轴心向内或向外移动鼠标； ③ 再次单击鼠标左键，再向上或向下移动鼠标
	圆锥休： ① 按住鼠标左键，沿着对角线的方向拖动； ② 释放鼠标左键，再向上移动鼠标； ③ 再次单击鼠标左键，然后向内或者向外移动鼠标		圆环： ① 按住鼠标左键，沿着对角线的方向拖动鼠标； ② 释放鼠标左键，再沿着圆环的轴心向内或向外拖动鼠标，最后单击鼠标左键

示　例	创建步骤	示　例	创建步骤
	球体： 按住鼠标左键，沿着对角线的方向拖动鼠标		四棱锥： ① 按住鼠标左键，沿着对角线的方向拖动鼠标； ② 释放鼠标左键，再向上移动鼠标，再次单击鼠标
	几何球体： 按住鼠标左键，沿着对角线的方向拖动鼠标		茶壶： 按住鼠标左键，沿着对角线的方向拖动鼠标
	圆柱体： ① 按住鼠标左键，沿着对角线的方向拖动鼠标； ② 释放鼠标左键，再向上移动鼠标		平面： 按住鼠标左键，沿着对角线的方向拖动鼠标

3.1.2　案例Ⅰ——【长方体】制作"餐桌"模型

步骤1：启动3ds Max 2015，单击"长方体"按钮 长方体 ，在顶视口中创建一个长方体，参数设置如图3.3所示。

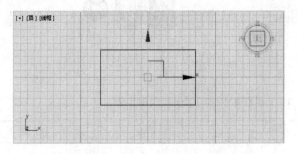

图3.3　创建桌面

步骤2：在前视口中创建一个长方体桌脚，并在左视口中调整长方体的位置，参数和效果如图3.4所示。

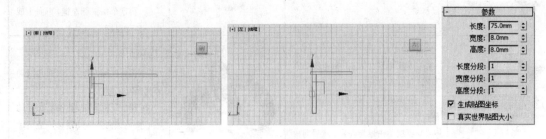

图3.4　创建桌脚

步骤3：将前视口中创建的桌脚沿着X轴方向复制到对称的位置，再选择左视口中的所有桌脚，沿着X轴方向复制到对称的位置，顶视口的效果如图3.5所示。

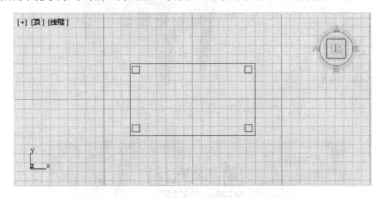

图3.5 顶视口中的桌脚效果

步骤4：在前视口中的两个桌脚之间创建一个长方体桌架，接着在顶视口中调整其位置，再将桌架沿着Y轴方向复制到对称的位置，参数和效果如图3.6所示。

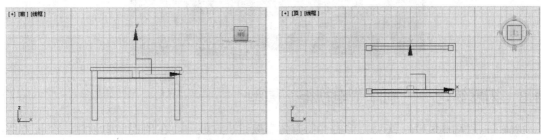

图3.6 制作桌架

步骤5：在左视口中的两个桌脚之间创建一个长方体桌架，接着在顶视口中调整其位置，再将桌架沿着X轴方向复制到对称的位置，参数和效果如图3.7所示。

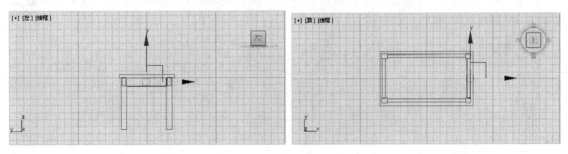

图3.7 最后效果

图 3.7　最后效果（续）

3.1.3　拓展练习——制作"电视柜"模型

步骤 1：启动 3ds Max 2015，单击"长方体"按钮 长方体，在顶视口中创建一个长方体，效果和参数设置如图 3.8 所示。

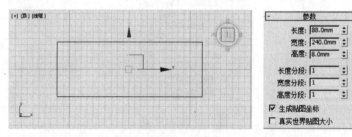

图 3.8　电视柜底板效果和参数设置

步骤 2：在前视口中创建一个长方体，并在左视口中调整长方体的位置，效果和参数设置如图 3.9 所示。

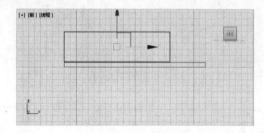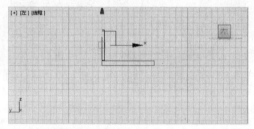

图 3.9　电视柜后板（左）效果和参数设置

图 3.9　电视柜后板（左）效果和参数设置（续）

步骤 3：在前视口中，将上一步骤中创建的长方体沿着 X 轴进行复制，并将复制的长方体移动到恰当位置，效果和参数设置如图 3.10 所示。

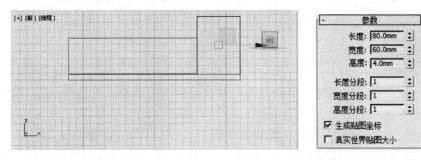

图 3.10　电视柜后板（右）效果和参数设置

步骤 4：在顶视口左边创建一个长方体，接着在前视口中将该长方体移动到恰当位置，参数和效果如图 3.11 所示。

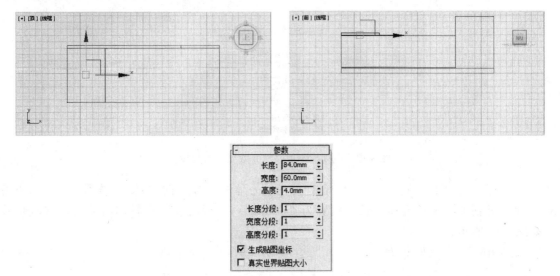

图 3.11　电视柜顶板（左）效果和参数设置

步骤 5：在前视口中，将上一步骤中创建的长方体沿着 X 轴向右复制并设置宽度为"120mm"，移动到恰当位置，再沿着 X 轴向右复制并设置宽度为"60mm"，长度为"88mm"，移动到恰当位置，参数和效果如图 3.12 所示。

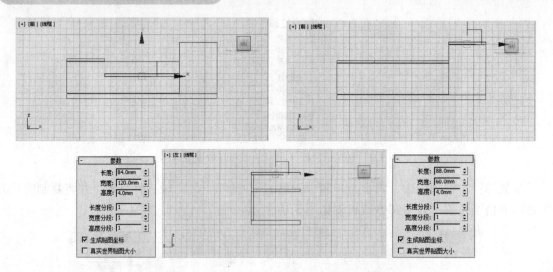

图 3.12　电视柜顶板（中、右）效果和参数设置

步骤 6：在左视口中创建一个长方体，并在前视口中调整长方体的位置，效果和参数设置如图 3.13 所示。

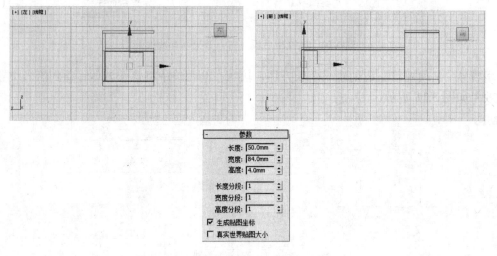

图 3.13　电视柜侧板（左）效果和参数设置

步骤 7：在前视口中将上一步骤中创建好的长方体沿着 X 轴向右复制，参数不变，再沿着 X 轴向右复制另一个长方体，长度设置为"80mm"，继续沿着 X 轴向右复制，参数和效果如图 3.14 所示。

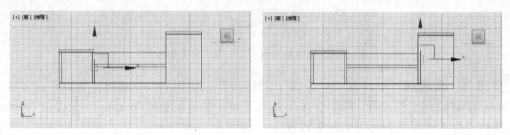

图 3.14　电视柜侧板（中、右）效果和参数设置

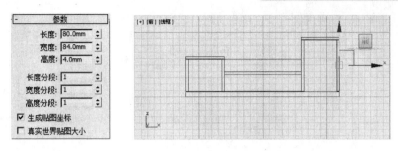

图3.14　电视柜侧板（中、右）效果和参数设置（续）

步骤8：在前视口中创建一个长方体，并在前视口中调整长方体的位置，效果和参数设置如图3.15所示。

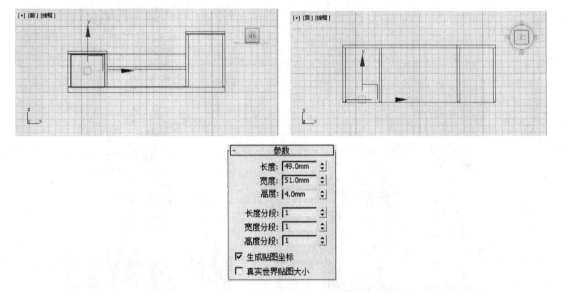

图3.15　电视柜抽屉前板（左）效果和参数设置

步骤9：在前视口中将上一步骤中创建好的长方体沿着X轴向右复制3次，中间2个长方体修改长度为"25mm"，宽度为"59mm"，移动到恰当位置，右边1个长方体修改长度为"79mm"，宽度为"51mm"，移动到恰当位置，效果和参数设置如图3.16所示。

步骤10：在前视口中创建以下三个长方体，设置好参数并移动到恰当位置，最终效果图如图3.17所示。

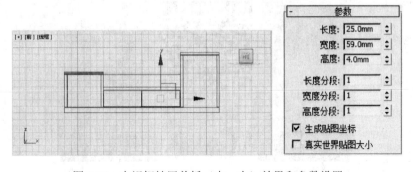

图3.16　电视柜抽屉前板（中、右）效果和参数设置

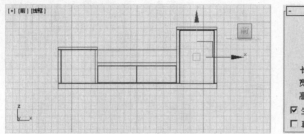

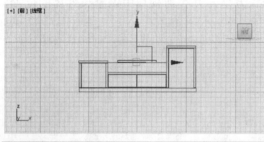

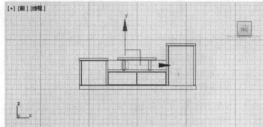

图 3.16　电视柜抽屉前板效果（中、右）和参数设置（续）

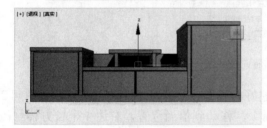

图 3.17　电视柜最终效果

3.2 扩展基本体

3.2.1 扩展基本体的类型

扩展基本体创建面板包含 13 种对象类型，如图 3.18 所示。单击对象类型面板上的任意一个对象按钮，在视图中即可完成该扩展基本体对象的创建，在修改面板的"参数"卷展栏中可以通过修改参数来制作不同风格的三维模型。扩展基本体所有对象类型的示例和创建步骤如表 3.2 所示。

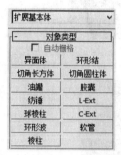 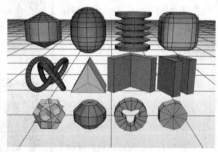

图 3.18 扩展基本体的类型

表 3.2 扩展基本体的示例和创建步骤

示 例	创建步骤	示 例	创建步骤
	异面体： 按住鼠标左键，沿着对角线的方向拖动鼠标		L-Ext： ① 按住鼠标左键，沿着对角线的方向拖动鼠标； ② 释放鼠标左键，再向上移动鼠标； ③ 再次单击鼠标左键，然后向内或向外移动鼠标
	环形结： ① 按住鼠标左键，沿着对角线的方向拖动； ② 释放鼠标左键，然后向内或者向外移动鼠标		球棱柱： ① 按住鼠标左键，沿着对角线的方向拖动鼠标； ② 释放鼠标左键，再向上移动鼠标； ③ 再次单击鼠标左键，然后向内或向外移动鼠标
	切角长方体： ① 按住鼠标左键，沿着对角线的方向拖动鼠标； ② 释放鼠标左键，再向上移动鼠标； ③ 再次单击鼠标左键，然后向内移动鼠标		C-Ext： ① 按住鼠标左键，沿着对角线的方向拖动鼠标； ② 释放鼠标左键，再向上移动鼠标； ③ 再次单击鼠标左键，然后向内或向外移动鼠标

续表

示 例	创 建 步 骤	示 例	创 建 步 骤
	切角圆柱体： ① 按住鼠标左键，沿着对角线的方向拖动鼠标。 ② 释放鼠标左键，再向上移动鼠标		环形波： 按住鼠标左键，沿着对角线的方向拖动鼠标。然后向内或向外移动鼠标
	油罐： ① 按住鼠标左键，沿着对角线的方向拖动鼠标； ② 释放鼠标左键，再向上移动鼠标。 ③ 再次单击鼠标左键，然后向内移动鼠标		软管： ① 按住鼠标左键，沿着对角线的方向拖动鼠标； ② 释放鼠标左键，再向上移动鼠标
	胶囊： ① 按住鼠标左键，沿着对角线的方向拖动鼠标； ② 释放鼠标左键，再向上或向下移动鼠标		棱柱： ① 按住鼠标左键，沿着对角线的方向拖动鼠标。 ② 单击鼠标左键，再向上移动鼠标
	纺锤： ① 按住鼠标左键，沿着对角线的方向拖动鼠标； ② 释放鼠标左键，再向上移动鼠标； ③ 再次单击鼠标左键，然后向内移动鼠标		

3.2.2 案例——【切角长方体】制作"沙发"模型

步骤 1：启动 3ds Max 2015，单击"切角长方体"工具按钮 切角长方体 ，在顶视口中创建一个切角长方体，效果和参数设置如图 3.19 所示。

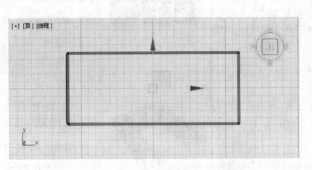

图 3.19 沙发底座

步骤 2：在左视口中将上一步骤中创建好的切角长方体进行旋转复制，并调整长方体的参数和位置，保持选中状态，在修改面板的修改列表中选择"FFD 4×4×4"修改器，选择下面的"控制点"子级别，接着在左视口中选择第一行右边三个橙色方块控制点，选择工具栏上的缩放按钮，沿着 X 轴向左移动到合适位置，完成后退出"控制点"子级别，效果和参数设置如图 3.20 所示。

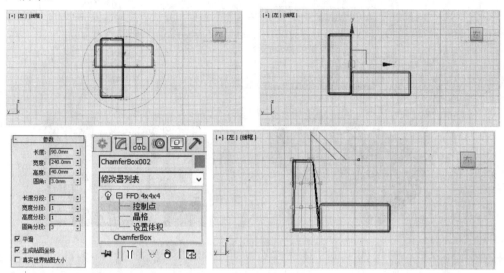

图 3.20　沙发靠背效果和参数设置

步骤 3：在顶视口中左侧创建一个切角长方体，并沿着 X 轴方向复制到对称的位置，效果和参数设置如图 3.21 所示。

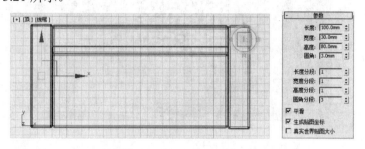

图 3.21　沙发扶手效果和参数设置

步骤 4：在前视口中将沙发底座沿着 Y 轴方向向上复制，修改参数并调整位置，再将复制的切角长方体沿着 X 轴方向复制 2 个，效果和参数设置如图 3.22 所示。

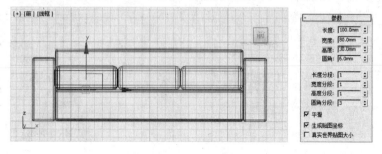

图 3.22　沙发坐垫效果和参数设置

步骤 5：在左视口中选择一个沙发坐垫，使用工具栏上的旋转工具沿着 Z 轴方向复制，设置参数并调整好位置，再将其在前视口中沿着 X 轴复制 2 个，效果和参数设置如图 3.23 所示。

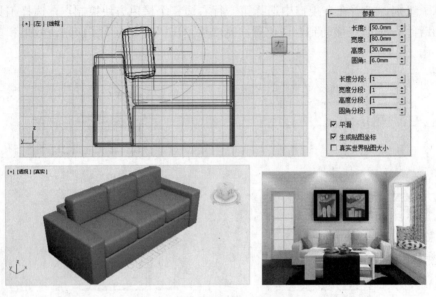

图 3.23　沙发靠垫效果和参数设置

3.2.3　拓展练习——制作"隔断柜"模型

步骤 1：启动 3ds Max 2015，单击"长方体"按钮 长方体 ，在顶视口中创建一个长方体，效果和参数设置如图 3.24 所示。

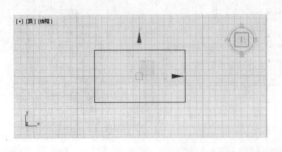

图 3.24　隔断柜底板效果和参数设置

步骤 2：在前视口中创建一个长方体，并向右边复制 3 次，再将上一步骤中创建的底座向上复制 2 次，调整好位置，效果和参数设置如图 3.25 所示。

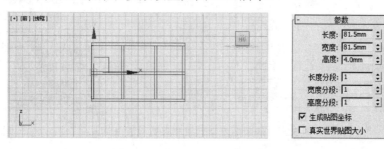

图 3.25　隔断柜侧板效果和参数设置

步骤 3：在前视口中左侧创建一个切角长方体，在左视口中调整到合适的位置，再在前视口中将其复制 2 个，移动到合适位置，效果和参数设置如图 3.26 所示。

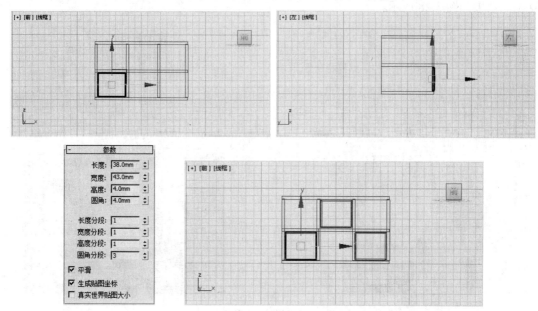

图 3.26　隔断柜抽屉效果和参数设置

步骤 4：在前视口中创建一个长方体，设置参数后在左视口中调整其位置，再将其沿着 Z 轴旋转 90 度进行复制，设置好参数，效果和参数设置如图 3.27 所示。

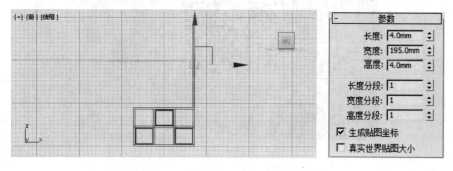

图 3.27　隔断柜支架效果和参数设置

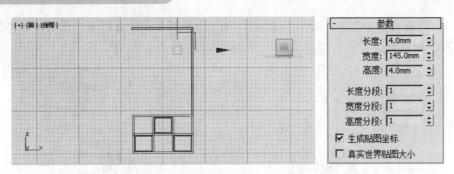

图 3.27　隔断柜支架效果和参数设置（续）

步骤 5：在前视口中创建一个异面体，选择十二面体/二十面体，半径为"12mm"，再在左视口中调整其位置，将其向下复制 5 次，选择下面 4 个异面体，设置半径为"8mm"，再将所有异面体选中，向下复制 6 次，并删除多余的异面体，最后选中所有异面体，沿着 X 轴方向复制，效果如图 3.28 所示。

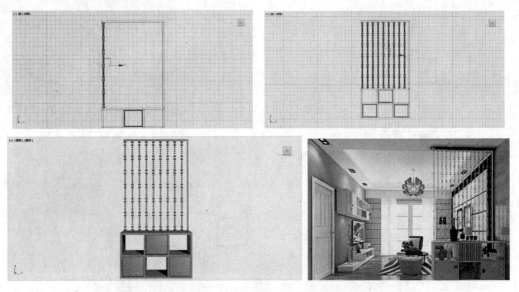

图 3.28　隔断柜最终效果

3.3 门、窗和楼梯

3.3.1 门、窗和楼梯的类型

门、窗和楼梯的对象类型，如图 3.29 所示。单击对象类型面板上的任意一个对象按钮，在视图中即可完成该对象的创建，在修改面板"参数"卷展栏中可以通过修改参数来制作不同风格的建筑模型。门、窗和楼梯的所有对象类型示例和创建步骤请参看表 3.3。

图 3.29 门、窗和楼梯的对象类型

表 3.3 门、窗、楼梯的示例和创建步骤

门示例	枢轴门	推拉门	折叠门
窗示例	遮篷式窗	平开窗	伸出式窗
	旋开窗	固定窗	推拉窗
楼梯示例			L 型楼梯
			螺旋楼梯

续表

楼梯示例	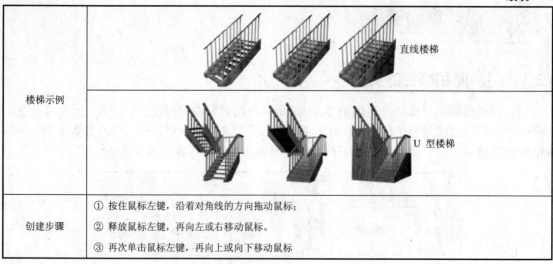 直线楼梯 U 型楼梯
创建步骤	① 按住鼠标左键，沿着对角线的方向拖动鼠标； ② 释放鼠标左键，再向左或右移动鼠标。 ③ 再次单击鼠标左键，再向上或向下移动鼠标

3.3.2 案例 I——【枢轴门】制作"门"模型

步骤 1：启动 3ds Max 2015，单击几何体中的门对象"枢轴门"按钮 ，在顶视口中沿着 X 轴方向从右到左移动鼠标形成门的宽度，按住鼠标左键后沿着 Z 轴方向从上到下移动鼠标形成门的深度，再次单击鼠标左键后沿着 Y 轴方向从下到上移动鼠标形成门的高度，创建方法默认设置如图 3.30 所示。

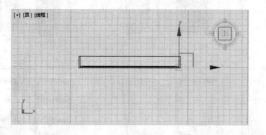 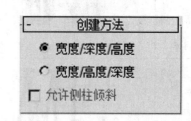

图 3.30　创建门

步骤 2：接着设置门的参数，参数的设置和使用视图控制调整好角度后的效果如图 3.31 所示。

图 3.31　门的最终效果

3.3.3 案例Ⅱ——【平开窗】制作"窗户"模型

步骤1：启动 3ds Max 2015，单击几何体中的窗对象"平开窗"按钮 平开窗 ，在顶视口中沿着 X 轴方向从左到右移动鼠标形成窗的宽度，单击鼠标左键后沿着 Z 轴方向从下到上移动鼠标形成窗的深度，再次单击鼠标左键后沿着 Y 轴方向从下到上移动鼠标形成窗的高度，创建方法默认设置如图 3.32 所示。

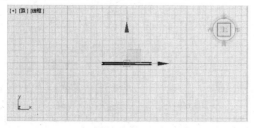
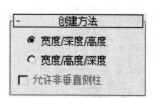

图 3.32　创建窗

步骤2：接着设置窗的参数，参数的设置和使用视图控制调整好角度后的效果如图 3.33 所示。

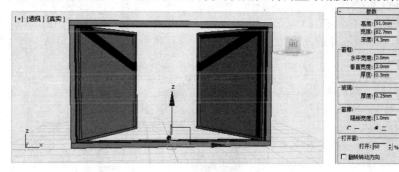

图 3.33　窗的最终效果和参数设置

3.3.4 拓展练习——制作"楼梯"模型

步骤1：启动 3ds Max 2015，单击几何体中的楼梯对象"L 型楼梯"按钮 L型楼梯 ，在顶视口中沿着 X 轴方向从左到右移动鼠标形成楼梯的长度 1 和宽度，单击鼠标左键后沿着 Z 轴方向从下到上移动鼠标形成楼梯的长度 2 和偏移，再次单击鼠标左键后沿着 Y 轴方向从下到上移动鼠标形成楼梯的总高，默认设置创建的楼梯如图 3.34 所示。

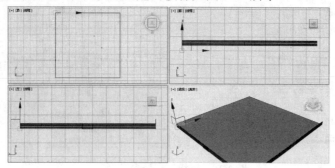

图 3.34　创建 L 型楼梯

步骤2：接着设置楼梯的参数，并在左视口中使用工具栏上的"移动"工具将楼梯的扶手路径调整到合适位置，参数的设置和效果如图3.35所示。

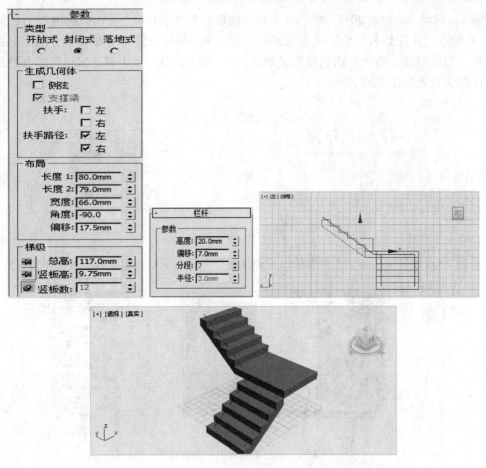

图3.35　楼梯的参数设置和效果

步骤3：单击几何体中的"AEC扩展"对象下的"栏杆"按钮 ，在顶视口中绘制栏杆，并在栏杆、立柱和栅栏参数卷展栏中设置参数，同时单击栅栏参数卷展栏中的"支柱间距"按钮 ，弹出"支柱间距"对话框，设置"计数"值为9，如图3.36所示。

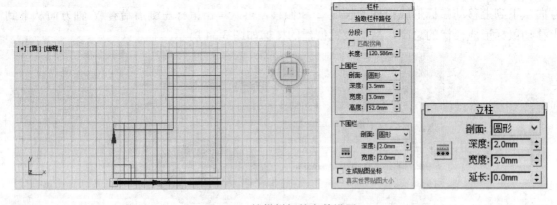

图3.36　楼梯栏杆的参数设置

图3.36　楼梯栏杆的参数设置（续）

步骤4：将上一步骤中制作好的栏杆在顶视口中沿着Y轴进行移动复制，选择其中的一根栏杆，单击"栏杆"卷展栏中的"拾取栏杆路径"按钮后再次单击顶视口中的一条栏杆路径，并将"匹配拐角"项选中，另一根栏杆使用同样的操作。栏杆的复制和楼梯最终效果如图3.37所示。

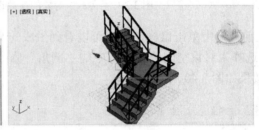

图3.37　栏杆的复制和楼梯的最终效果

3.4　常用对象空间修改器

3.4.1　对象空间修改器

3ds Max 2015 修改命令面板上的修改列表中默认情况下包含87种对象空间修改器，对象空间修改器主要用于改变对象的形状和属性，应用到对象上的修改器存储在堆栈中，通过在堆栈中的上下导航可以更改修改器的效果或将其删除，也可以选择"塌陷"堆栈使得更改一直生效。对象空间修改器如图3.38所示。

图3.38　对象空间修改器

3.4.2 案例 I ——【倒角】制作"文字 Logo"模型

步骤 1：启动 3ds Max 2015，在创建命令面板中选择"图形"按钮，在样条线对象类型中选择"文本"对象，"文本"对象的参数设置如图 3.39 所示。

图 3.39 "文本"对象的参数设置

步骤 2：在前视口中单击鼠标左键，可以看到生成的文本，再选择"修改命名面板"中的"修改列表"，选择"对象空间修改器"中的"倒角"修改器，设置"倒角值"卷展栏中的参数，调整好的效果如图 3.40 所示。

图 3.40 在"倒角值"卷展栏中设置参数及调整后的效果

步骤 3：在创建命令面板中选择"空间扭曲"按钮，在下方的下拉列表中选择"几何体/可变形"选项，然后单击对象类型中的"波浪"，在前视口文字的中央处拉出一个矩形框，在"参数"卷展栏中设置好"波浪"的参数，单击工具栏上的"选择并旋转"工具，沿着 Y 轴旋转 90 度。接着单击工具栏上的"绑定到空间扭曲"工具，先后选择文字和波浪。渲染好的效果如图 3.41 所示。

图 3.41 设置"波浪"参数和"文字 Logo"模型

3.4.3 案例Ⅱ——【车削】制作"装饰花瓶"模型

步骤1：启动 3ds Max 2015，在创建命令面板中选择"图形"按钮，在样条线对象类型中选择"线"对象，在前视口中绘制如图 3.42 所示的线。

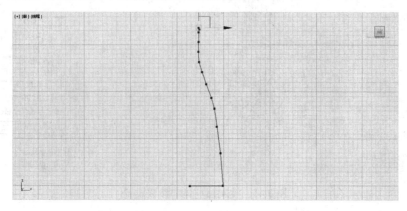

图 3.42 绘制线

步骤2：保持线为选中状态，在修改器命令面板中选择 Line 的"样条线"级别，并在下面的几何体卷展栏中单击轮廓，并设置后面的参数为"10"，效果如图 3.43 所示。

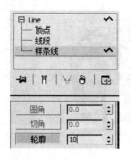 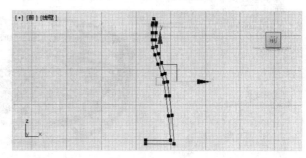

图 3.43 设置"轮廓"参数及效果

步骤3：接着单击"样条线"级别，退出线的编辑状态，在修改器列表中选择"车削"修改器，在下面的参数卷展栏中设置分段数，单击"方向"下的"Y"按钮和"对齐"下的"最小"按钮，最终效果如图 3.44 所示。

 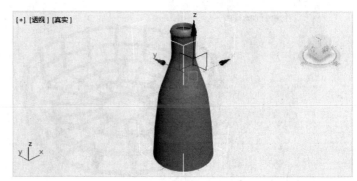

图 3.44 设置分段数和装饰花瓶的最终效果

3.4.4 拓展练习——制作"镂空花篮"模型

步骤1：启动 3ds Max 2015，在创建命令面板中选择"几何体"按钮○，在样条线对象类型中选择"圆柱体"对象，在顶视口中绘制一个圆柱体，并设置参数，如图 3.45 所示。

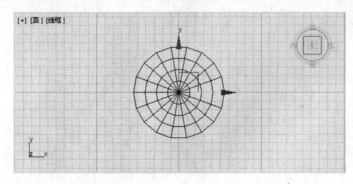

图 3.45　绘制圆柱体和参数设置

步骤2：保持"圆柱体"为选中状态，在修改面板中选择"晶格"修改器，并设置支柱和节点的参数，如图 3.46 所示。

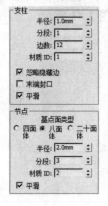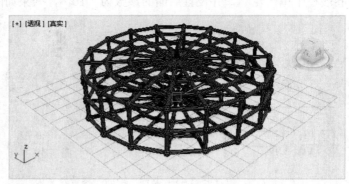

图 3.46　使用"晶格"修改器的参数设置和效果

步骤3：接着在修改面板中选择"编辑多边形"修改器，选择下面的"元素"级别，删除多余的元素，效果如图 3.47 所示。

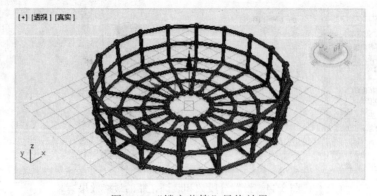

图 3.47　"镂空花篮"最终效果

本章小结

本章主要讲述了 3ds Max 2015 的创建命令面板中的基础建模工具,包括标准基本体、扩展基本(体、门、窗、楼梯)等。在使用标准基本体和扩展基本体创建三维模型时,分别安排了一个制作简易"餐桌"模型和制作"沙发"模型的案例,另外又通过拓展练习进行知识的巩固和操作技能的提高。门、窗、楼梯这几个建筑构件则通过修改面板中的参数设置来控制其表现形态。最后运用修改器面板中提供的倒角、车削、晶格等常用修改器来修改三维模型。通过本章的知识讲解和案例操作能基本掌握三维模型的创建和修改过程。

课后练习

请使用本章中所学知识制作一个"沙发与茶几"模型,效果如图 3.48 所示。

图 3.48 "沙发与茶几"模型

第4章 样条线建模

样条线建模是 3ds Max 2015 场景建模的基础，本章借助实际案例阐述了创建样条线、编辑样条线以及样条线转化成复杂三维模型的建模方式。

学习目标

- 了解样条线的性质和类型
- 掌握二维样条线的创建
- 掌握二维样条线编辑
- 掌握使用修改器将二维样条线转化为三维模型的方法
- 掌握各种样条线的综合使用与建模方法

学习内容

- 二维样条线类型介绍和创建
- 二维样条线的编辑修改
- 二维样条线建模案例
- 利用二维样条创建复杂三维模型的综合使用

4.1 样条线的创建

在 3ds Max 中，二维图形建模是一种常用的建模方法。这种建模方法兼具操作简单、编辑方式灵活而且数据精确等特点。二维图形是由一条或多条样条线组成，而样条线又是由顶点和线段组成，因此只要调整顶点的参数或样条线的参数就可以生成复杂的二维图形。

在创建命令面板下方的第二个按钮就是"图形"，单击"图形"按钮后，在下拉列表中可以看到样条线的类型，如图 4.1 所示。

图 4.1 样条线的类型

4.1.1 样条线的类型

1. 样条线

在创建命令面板中单击"图形"按钮后,从下拉列表设置图形类型为"样条线",在该面板中有 12 种样条线类型,如图 4.2 所示。单击对象类型面板上的任意一个对象按钮,在视图中可完成该样条线的创建,在修改面板"参数"卷展栏中可以通过修改参数来制作不同造型的样条线。样条线所有对象类型的示例和创建步骤请参看表 4.1。

 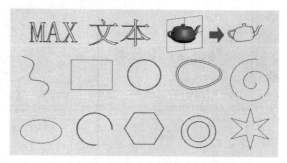

图 4.2 样条线

表 4.1 样条线示例和创建步骤

示 例	创 建 步 骤	示 例	创 建 步 骤
	线: ① 鼠标单击两个或两个以上的点创建直线或折线;按下鼠标左键后拖动可形成曲线; ② 鼠标右击结束创建,若创建时鼠标左键再次单击起点可以闭合样条线		矩形: ① 按住鼠标左键不放,沿着对角线的方向拖动鼠标; ② 释放鼠标左键结束创建
	圆: ① 按住鼠标左键,往外拖动(起始点为圆心位置); ② 释放鼠标左键结束创建		椭圆: ① 按住鼠标左键,沿着对角线的方向拖动鼠标; ② 释放鼠标左键结束创建; ③ 当椭圆的两个半径一样时,可呈现出圆形的效果

续表

示 例	创建步骤	示 例	创建步骤
	弧： ① 按住鼠标左键不放，至合适位置松开鼠标； ② 移动鼠标确定弧的方向和大小，然后单击鼠标左键结束创建		圆环： ① 按住鼠标左键，往外拖动鼠标，在合适位置释放鼠标左键确定第一个圆的位置； ② 继续移动鼠标，在合适位置单击鼠标确定第二个圆的位置
	多边形： ① 按住鼠标左键，往外拖动（起始点为中心位置）； ② 释放鼠标左键结束创建		星形： ① 按住鼠标左键，往外拖动鼠标，在合适位置释放鼠标左键确定星形尖角第一半径的位置； ② 继续移动鼠标，在合适位置单击鼠标确定星形尖角第二半径的位置
	文本： 单击鼠标左键即可创建文本		螺旋线： ① 按住鼠标左键，往外拖动，释放鼠标左键时确定第一半径的大小； ② 继续移动鼠标，在合适位置单击鼠标左键，确定螺旋线的高度； ③ 继续移动鼠标，在合适位置单击鼠标，确定第二半径大小
	卵形： ① 按住鼠标左键，沿着对角线的方向拖动鼠标，释放时确定卵形的长宽和方向； ② 继续移动鼠标，单击鼠标左键确定卵形的厚度		截面： ① 必须先有一个立体对象，在相应的视口按住鼠标左键，沿着对角线的方向拖动鼠标，创建一个截面； ② 把截面移动到立体对象上，截面会在对象上产生一条黄色的剖切线； ③ 在修改面板的"截面参数"栏卷展栏中单击"创建图形"按钮，即可产生立体对象的截面形

2. 扩展样条线

在创建命令面板中单击"图形"按钮后，从下拉列表设置图形类型为"扩展样条线"，在该面板中有 5 种样条线类型，如图 4.3 所示。单击对象类型面板上的任意一个对象按钮，在视图中可完成该扩展样条线的创建，在修改面板中"参数"卷展栏中可以通过修改参数来制作不同造型的扩展样条线。扩展样条线所有对象类型的示例和创建步骤请参看表 4.2。

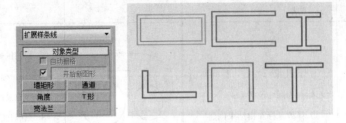

图 4.3 扩展样条线

表 4.2 扩展样条线示例和创建步骤

示 例	创 建 步 骤	示 例	创 建 步 骤
	墙矩形： ① 按住鼠标左键，沿对角线方向拖动鼠标，在合适位置释放鼠标左键确定长宽； ② 继续移动鼠标，在合适位置单击鼠标确定厚度		通道： ① 按住鼠标左键，沿对角线方向拖动鼠标，在合适位置释放鼠标左键确定长宽； ② 继续移动鼠标，在合适位置单击鼠标确定厚度
	角度： ① 按住鼠标左键，沿对角线方向拖动鼠标，在合适位置释放鼠标左键确定长宽； ② 继续移动鼠标，在合适位置单击鼠标确定厚度		T形： ① 按住鼠标左键，沿对角线方向拖动鼠标，在合适位置释放鼠标左键确定长宽； ② 继续移动鼠标，在合适位置单击鼠标确定厚度
	宽法兰： ① 按住鼠标左键，沿对角线方向拖动鼠标，在合适位置释放鼠标左键确定长宽； ② 继续移动鼠标，在合适位置单击鼠标确定厚度。	备注	尽管在创建过程中，扩展样条线的创建方式似乎没有什么区别，但配合各自的参数组合，每种扩展样条线都可以创建出很多不同的样条线效果

由于 NURBS 曲线有其特殊的构成方式，本书相关的章节会对其作详细介绍，本节暂不赘述。

4.1.2 转换成可编辑样条线

3ds Max 提供的样条线对象，不管是否是规则的图形，都可以被塌陷为可编辑的样条线。在执行塌陷操作后，除了由"线"以及"截面"按钮所创建出的不规则图形不会有太大变换外，其余参数化的图形将不能再次调整原来创建时的参数。参数化图形的属性在修改面板的堆栈栏中会转换成为"可编辑样条线"，并拥有 3 个子对象层级，分别为"顶点""线段"与"样条线"，如图 4.4 所示。

步骤 1：启动 3ds Max 2015，单击"椭圆"按钮 椭圆 ，在顶视口中创建一个椭圆形，参数设置随意，大致如图 4.5 所示。

步骤 2：选中椭圆形并在椭圆形上方单击鼠标右键，在弹出的对话框执行"转换为"→"转换为可编辑样条线"命令，如图 4.6 所示。

步骤 3：椭圆形已经被转换为可编辑样条线，可在修改命名面板中查看其堆栈栏的情况，如图 4.7 所示。

图 4.4 "可编辑样条线"的层级

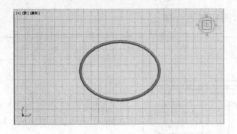 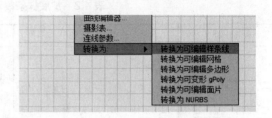

图 4.5 创建的椭圆形效果　　　　　图 4.6 右键快捷菜单

图 4.7 "可编辑样条线"堆栈栏

4.2 样条线的修改

在 3ds Max 中，不仅可以对样条线进行整体的编辑，还可以进入到其子对象层级中进行编辑。这样可以改变样条线的局部形体，完成对样条线较为复杂的修改操作。

把各种样条线图形坍陷为可编辑样条线以后，在修改命令面板中一共有 5 个卷展栏，如图 4.8 所示。其中，"渲染""选择""软选择""几何体"四个卷展栏经常会被用于对样条线的修改操作中。

图 4.8 卷展栏

4.2.1 "渲染"卷展栏

"渲染"卷展栏主要用来控制样条线是否具有体积感。一般情况下，样条线只是一种辅助建模的形状工具，不参与渲染，但在某些情况下，线条本身就可以形成模型，如编织类、钢架结构类建筑模型等，可以直接利用样条线参与渲染得到。

打开"渲染"卷展栏，如图4.9所示。其中有两个设置选项会经常用到，其一是"在渲染中启用"，该选项决定样条线是否能参与渲染；其二是"在视口中启用"，该选项决定样条线在视口显示时是否具有体积感，但并不涉及对样条是否能参与渲染的控制。

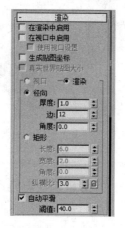

图4.9 "渲染"卷展栏

步骤1：启动3ds Max 2015，单击"矩形"按钮 矩形 ，在顶视口创建一个矩形，参数如图4.10所示，然后把矩形转换为可编辑样条线。

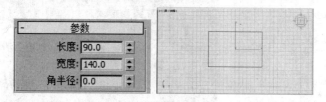

图4.10 创建的矩形及相关参数设置

步骤2：在"渲染"卷展栏中勾选"在视口中启用"复选框，然后调节"径向"的厚度为"20"，切换到透视视口去观察，可见样条线由单一的细线变为有体积的模型，如图4.11所示。

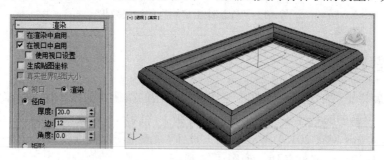

图4.11 渲染"在视口中启用"的效果及参数设置

如果取消对"径向"的选择，重新选择"矩形"单选按钮，并把其长宽分别改为"10"与"20"，角度为"30"，在透视视口去观察，可见样条线变为一个有体积感的框架模型，如图4.12所示。

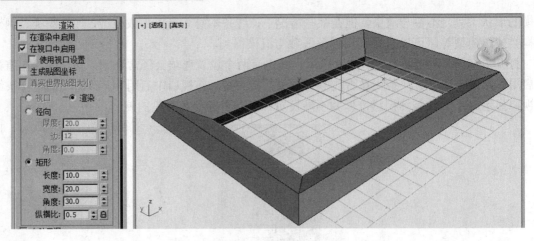

图 4.12 渲染矩形显示的效果

步骤 3：在"渲染"卷展栏中勾选"在渲染中启用"复选框，然后在主工具栏中单击"渲染产品"按钮 对透视视口进行渲染，那么可以在渲染窗口中看到样条线的渲染效果，如图 4.13 所示。

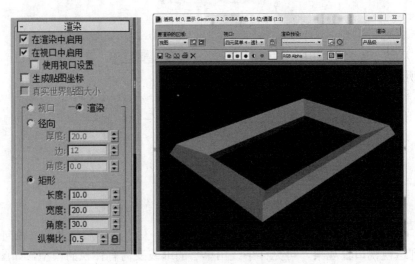

图 4.13 "在渲染中启用"的渲染效果

4.2.2 "选择"卷展栏

"选择"卷展栏提供了选择样条线三个子对象层次的按钮，如图 4.14 所示，依次按下单个按钮时，分别对应选中的是样条线的"顶点"层级、"线段"层级以及"样条线"层级。

步骤 1：启动 3ds Max 2015，单击"圆"按钮 圆 ，在顶视口创建一个半径为 50 的圆形，把矩形转换为可编辑样条线，如图 4.15 所示。

步骤 2：点开"选择"卷展栏，按下"顶点"层级选择按钮 ，在"显示"栏中勾选"显示顶点编号"复选框，可以看到圆上的四个顶点都显示出了其编号。选择并移动顶点编号为 1 的顶点，选中的顶点会变为红色，把顶点移动至如图 4.16 所示位置。

 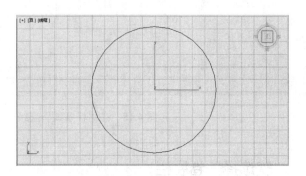

图 4.14 "选择"卷展栏　　　　　　图 4.15 创建的圆形

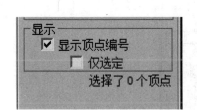 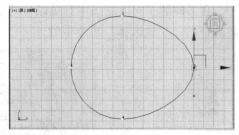

图 4.16 选择移动顶点编号为 1 的顶点

步骤 3：按下"线段"层级选择按钮 ，选择顶点编号 1 至顶点编号 2 之间的线段，选中的线段会变为红色，此时按下【Delete】键可以把该线段删除，线段删除后，顶点编号会有所改变，如图 4.17 所示。

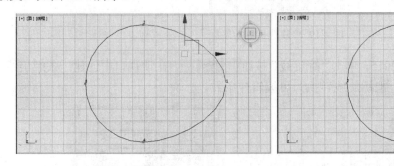

图 4.17 删除顶点编号 1 至顶点编号 2 之间的线段

步骤 4：单击"样条线"层级选择按钮 ，随意在样条线上任何位置点选，都会选中整条样条线，此时按【Shift】配合移动工具，将样条线进行复制，再次单击"样条线"层级，选择按钮 ，退出"样条线"层级，样条线出现双线效果，如图 4.18 所示。

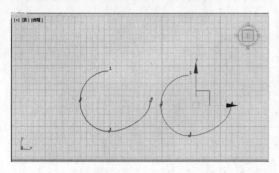 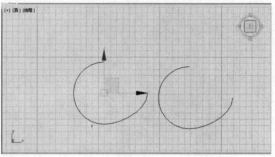

图 4.18　在"样条线"层级中进行复制

4.2.3 "软选择"卷展栏

"软选择"卷展栏默认为关闭状,如图 4.19 所示。如果要激活"软选择"功能,必须进入子对象层级中。在不同的子对象层级中都可以使用软选择,但效果会有细微差别。当勾选"使用软选择"复选框时,"软选择"功能生效。

图 4.19　"软选择"卷展栏

步骤 1:启动 3ds Max 2015,单击"螺旋线"按钮 螺旋线 ,在顶视口中创建一条螺旋线,参数如图 4.20 所示。然后,把螺旋线转换为可编辑样条线。

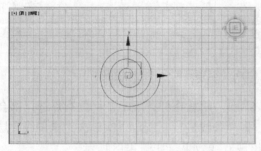 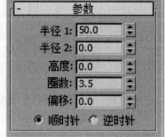

图 4.20　创建的螺旋线及参数设置

步骤 2:点开"选择"卷展栏,按下"顶点"层级选择按钮 ,单击选中螺旋线最外圈末尾的顶点,将其往右移动,观察效果,只有一个顶点被移动,如图 4.21 所示。

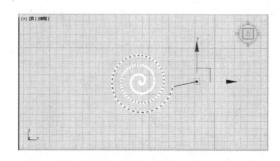

图 4.21　普通的选择移动效果

步骤 3：按【Ctrl+Z】组合键将顶点返回原位，点开"软选择"卷展栏，勾选"使用软选择"复选框，并把"衰减"一项的参数设置为"50"，查看场景中的螺旋线，可见从选中的点（为红色）开始，往外周围距离为"50"左右的点都有代表选择强度的过渡颜色，此时往右移动该顶点，可见效果如图 4.22 所示。

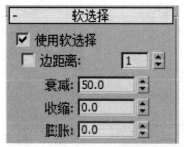 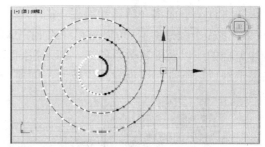

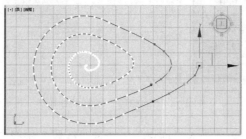

图 4.22　软选择并移动参数设置及效果

步骤 4：继续勾选"边距离"复选框，此时会发现原来设置的衰减范围已经失效，可以继续通过"边距离"后面的参数来设置选择范围，设置其参数为"100"，然后选中螺旋线中心末端的点，观察其衰减效果，并尝试往右移动该顶点，效果如图 4.23 所示。

 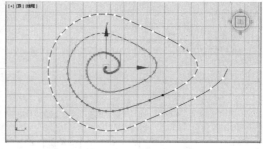

图 4.23　改变参数后的软选择并移动的效果

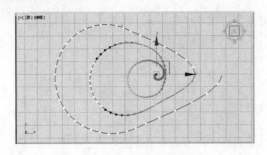

图 4.23 改变参数后的软选择并移动的效果（续）

4.2.4 "几何体"卷展栏

"几何体"卷展栏是可编辑样条线中最重要且最复杂的卷展栏，其中有很多工具按钮，可以对样条线进行编辑。在该卷展栏中，多数选项是可以直接使用的，但有些内容却要在特定的子对象层级中进行，下面将介绍该卷展栏中的一些常用按钮。

"创建线"按钮 创建线 ，可以对已经绘制完成的样条线作补充和延续，用"创建线"按钮无论创建怎样的线以及多数数量的线，都是在同一个样条线对象下。如图 4.24 所示，在创建好一条波浪线以后继续用"创建线"按钮，创建一条直线。

 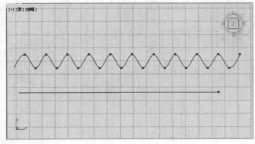

图 4.24 "创建线"工具的使用

"断开"按钮 断开 ，必须进入"顶点"层级或"线段"层级中才能使用。使用时，选择想要断开的顶点或线段，就可以将样条线在所选点的位置断开（在"线段"层级中，按下"断开"按钮后，还必须在所选线段上点选一点作为断开的位置点）。断开后所有线还是同属于一个样条线对象，但在"样条线"层级中可以把断开后的样条线分别移动，如图 4.25 所示。

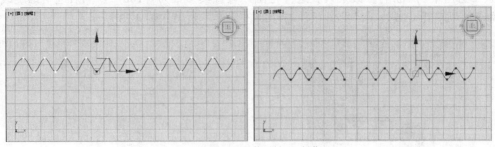

(a) "顶点"层级的"断开"操作

图 4.25 使用"断开"工具的效果

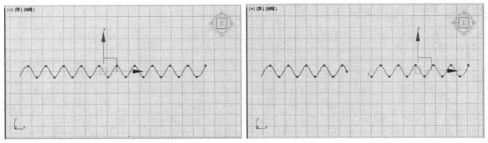

（b）"线段"层级的"断开"操作

图 4.25 使用"断开"工具的效果（续）

"附加"按钮 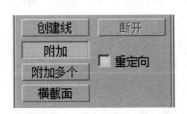，可以使不同的样条线对象合并成一个对象，如下图星形和圆本来是两条不同的样条线，把星形转为可编辑样条线，按下"附加"按钮，单击圆，两者将合二为一，如图 4.26 所示：

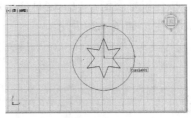

图 4.26 使用"附加"工具的效果

"附加多个"按钮 附加多个 ，作用与"附加"按钮相同，只是单击后可以弹出一个对话框，可以在对话框中选中所有需要附加的对象，附加到同一个样条线对象中。如把场景中的圆全部附加到矩形样条线对象中，如图 4.27 所示。

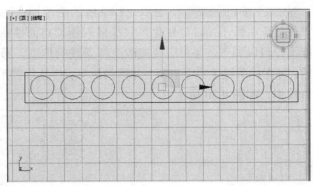

图 4.27 使用"附加多个"工具的效果

"优化"按钮 优化 ，必须在"顶点"层级或"线段"层级下使用。实际上它类似于一个加点工具，可在样条线上增加顶点，使线条的造型可以更加精确，按下"优化"按钮后，在线条上每单击一次就增加一个顶点。

"焊接"按钮 焊接 ，专门针对"顶点"层级使用。可以使选中的两个顶点焊接成为一个顶点，它是"断开"按钮的逆向操作。使用时，可以配合焊接的参数，使两个相邻一定距离的点焊接在一起，如图 4.28 所示。

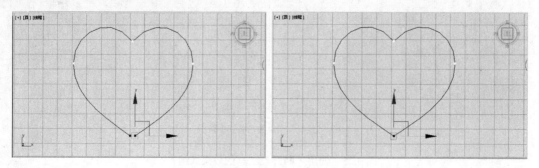

图 4.28　使用"焊接"工具的效果

"连接"按钮 连接 ，在"顶点"层级下使用。可以在两个顶点之间产生一条新的线段作为连接线。使用"连接"按钮连接的两个顶点必须是开放的样条线上的端点。操作时，先单击其中一个端点，按住鼠标左键不放，这时会出现一条虚线，将鼠标移到两一个端点上释放鼠标，新的线段随即产生，如图 4.29 所示。

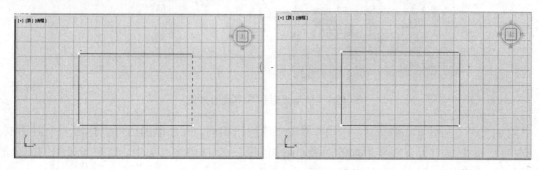

图 4.29　使用"连接"工具的效果

"插入"按钮 插入 ，可以在样条线的两个顶点间插入新的顶点，但这种插入顶点的方式与"优化"有所不同，"优化"只能插入新顶点而使原来的样条线造型更加精细，而"插入"功能不但可以加点，还可以直接改变样条线的造型，形成新的样条线形状。在按下"插入"按钮后，每在样条线上点下一点，并移动鼠标，样条线的形状会随之改变，右击鼠标可以结束"插入"操作，如图 4.30 所示。

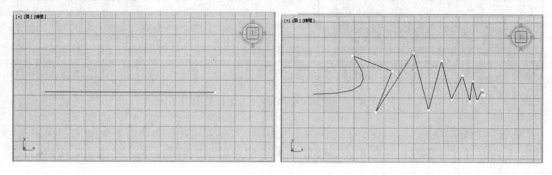

图 4.30　使用"插入"的效果

"融合"按钮 融合 ，是针对"顶点"层级使用的工具，能使不同位置上的顶点重合到一个坐标位置上。选择不同的顶点然后单击"融合"按钮,就可以得到这种效果,但要注意的是,这些点只是位置上重合了,如图 4.31 所示。

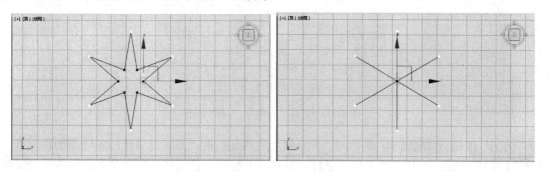

图 4.31　使用"融合"工具的效果

"相交"按钮 相交 ,是针对"顶点"层级使用的工具。在使用该工具时,必须保证相交的线条从属于同一个样条线对象,这样才能在其相交的位置添加顶点,如图 4.32 所示。

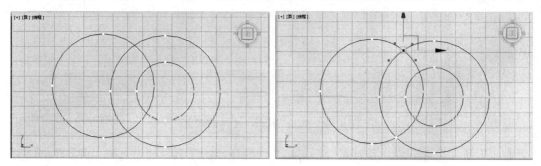

图 4.32　使用"相交"工具的效果

"圆角"按钮 圆角 ,是针对"顶点"层级使用的工具。可以使样条线的尖角变为圆角效果。按下"圆角"按钮,选择需要改变尖角的顶点,按住鼠标左键不放并进行拖动,就可以得到所需的圆角效果,如图 4.33 所示。另外,还可以配合"圆角"参数进行使用,操作时先输入参数值再单击"圆角"按钮。

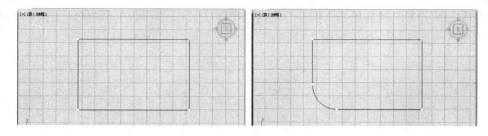

图 4.33　使用"圆角"工具的效果

"切角"按钮 切角 ,是针对"顶点"层级使用的工具。其操作与"圆角"工具相似,其效果也近似,不同的是,"切角"工具是将样条线的尖角变成切角效果,如图 4.34 所示。

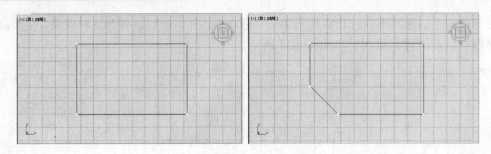

图 4.34 使用"切角"工具的效果

"轮廓"按钮　轮廓　，是针对"样条线"层级使用的工具。可以给样条线添加轮廓线条。按下"轮廓"按钮,在样条线上按下鼠标左键不放并拖动,就可以在所需位置产生新的轮廓线,如图 4.35 所示;也可以配合"轮廓"参数进行使用,操作时先输入参数,再单击"轮廓"按钮。

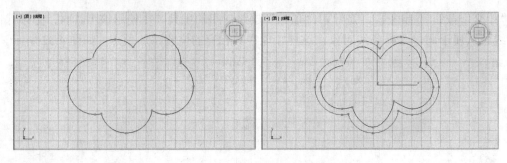

图 4.35 使用"轮廓"工具的效果

"布尔"按钮　布尔　,是针对"样条线"层级使用的工具。通过选择"并集" 、"差集" 或"交集" 来完成不同的布尔运算效果。在使用"布尔"运算之前,必须保证样条线在同一条可编辑样条线对象当中,如若不是,必须先使用"附加"工具将样条线进行附加操作。以下示例都是先选择圆,再选择布尔"集合"方式,然后单击布尔"布尔"按钮,再选择星形样条线所得出的效果,如图 4.36 所示。

"拆分"按钮　拆分　,是针对"线段"层级使用的工具。能在选择的线段上添加分割点,从而把其平均拆分成若干段。操作时,先选中需要拆分的线段,然后在"拆分"的参数中输入需要添加的分割点数,然后单击"拆分"按钮即可完成操作。在圆的一条线段上插入 2 个分割点,将其平均分为 3 段,结果如图 4.37 所示。

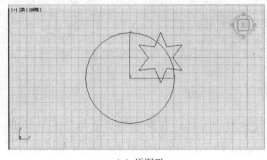
（a）原图形

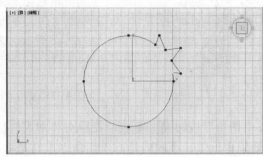
（b）并集

图 4.36 使用"布尔"工具的效果

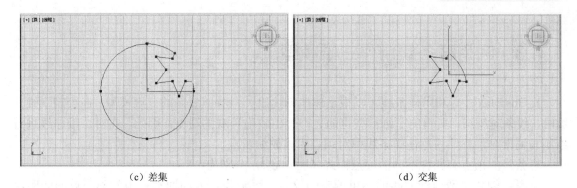

(c)差集　　　　　　　　　　　　(d)交集

图 4.36　使用"布尔"工具的效果（续）

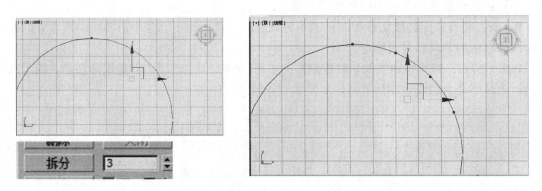

图 4.37　使用"拆分"工具的效果

"分离"按钮 分离 ，必须在"线段"层级或者"样条线"层级下使用。可以将选中的线段或样条线从整个对象中分离出来，形成新的样条线对象。如图 4.38 所示，进入"样条线"层级，选中圆环中的内圈圆形，单击"分离"按钮，会弹出一个对话框，按确定就可将该圆从环形中分离成另一个对象，从"从场景选择"对话框中可以查看到两个对象。

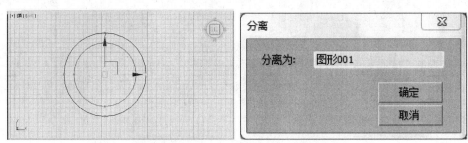

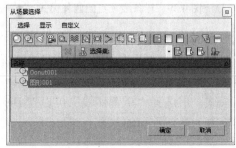

图 4.38　使用"分离"工具的效果

4.3 利用样条线制作三维模型

在 3ds Max 中，利用样条线可以很迅速地创建出一些看似复杂的三维模型。在绘制二维曲线时，线条越精细，所得的三维模型也随之产生出较为美观的造型，因此，在对二维曲线进行绘制与编辑时，就要注意在样条线中对顶点模式的编辑。

样条线的顶点有四种不同的顶点模式（图 4.39），分别为：

平滑：创建平滑连续曲线的不可调整的顶点。平滑顶点处的曲率是由相邻顶点的间距决定的。

角点：创建锐角转角的不可调整的顶点。

Bezier：带有锁定连续切线控制柄的不可调解的顶点，用于创建平滑曲线。顶点处的曲率由切线控制柄的方向和量级确定。

Bezier 角点：带有不连续的切线控制柄的不可调整的顶点，用于创建锐角转角。线段离开转角时的曲率是由切线控制柄的方向和量级设置的。

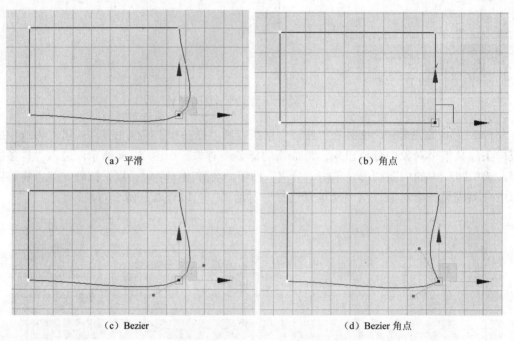

图 4.39 样条线顶点的四种模式

图 4.40 顶点模式选项

不同的顶点类型可以决定样条线的不同造型效果，进入"顶点"子对象层级，选择单个顶点，单击鼠标右键可以在弹出的对话框中对顶点模式进行更改，如图 4.40 所示。"重置切线"虽不是一种顶点模式，但选择"重置切线"可以把 Bezier 或 Bezier 角点的顶点曲率恢复为两边平衡的状态。

4.3.1 案例Ⅰ——"线"制作"台灯"模型

步骤1：启动3ds Max 2015，单击"线"按钮 线 ，在前视口中创建一条样条线，如果在绘制样条线的时候无法把握大小，可以先创建一个矩形作为参考，长宽参数为"300×150"，绘制完成后再把矩形删除，如图4.41所示。

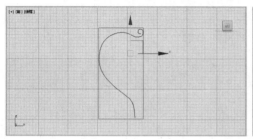 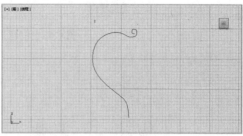

图4.41　创建灯柱造型样条线

步骤2：在"渲染"卷展栏中勾选"在视图中启用"选项的复选框，设置其"径向"厚度参数为"6"，然后右击鼠标，在弹出的快捷菜单中选择"转换为可编辑多边形"命令，这使样条线就转化为了三维实体对象，可以在透视视口中观察其立体效果，如图4.42所示。

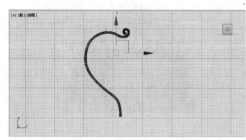 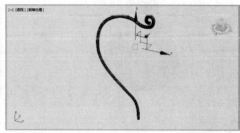

图4.42　样条线转实体模型

步骤3：切换回前视口操作，重新绘制一条曲线，形状大小比例如图。绘制完毕后，退出编辑状态，在修改器列表中选择"车削"修改器，在下面的参数卷展栏中单击"方向"下的"Y"按钮和"对齐"下的"最小"按钮，可以获得灯罩的模型，如图4.43所示。

步骤4：使用"线"按钮 线 ，绘制出灯泡与灯托以及灯座的造型样条线，然后使用"车削"修改器使样条线生成立体模型，注意灯泡与灯托的螺口要相对应，灯座的大小与台灯的大小比例要适合，不要过大或过小，如图4.44所示。

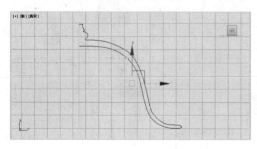 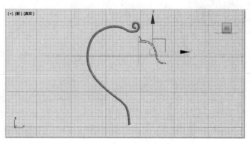

图4.43　创建灯罩模型

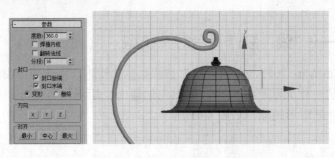

图 4.43　创建灯罩模型（续）

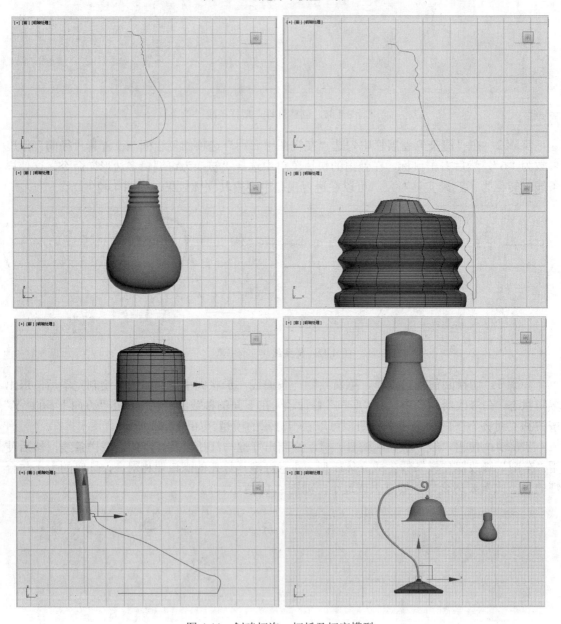

图 4.44　创建灯泡、灯托及灯座模型

步骤 5：利用各个视图，结合移动、旋转工具把创建好的模型摆放到合适的位置上去，如果要对物体进行缩放,最好利用精确缩放把对象整体缩放成适合的大小。完成效果如图 4.45 所示。

图 4.45　台灯完成效果

4.3.2　案例Ⅱ——"矩形"制作"相框"模型

步骤 1：启动 3ds Max 2015，单击"矩形"按钮 矩形 ，在前视口中创建一个矩形，效果和参数设置如图 4.46 所示。

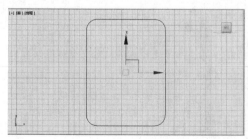

图 4.46　创建矩形的效果和参数设置

步骤2：切换到顶视窗，在刚才的矩形旁边再次创建一个矩形，效果和参数设置如图4.47所示。

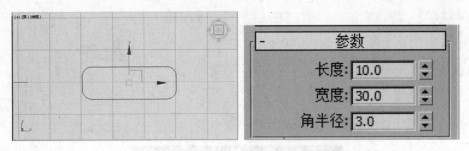

图4.47　再次创建矩形的效果和参数设置

步骤3：切换到透视视窗，选择第一次创建的矩形，在修改器列表中选择"倒角剖面"修改器，在参数面板中单击"拾取剖面"按钮，然后在场景中单击拾取第二次创建的矩形，创建相框的参数设置和效果如图4.48所示。

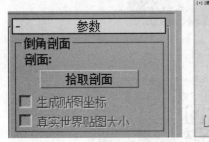 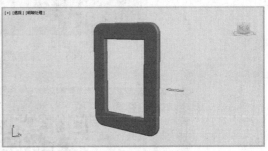

图4.48　使用"倒角剖面"修改器创建相框的参数设置和效果

步骤4：切换到前视窗，在相框旁再创建一个矩形作为相框内芯造型线，设置长度为"150"，宽度为"100"，利用"对齐"工具把矩形对齐到画框中心，然后在修改器列表中选择"挤出"修改器，在参数面板设置"数量"为"1"，转到透视视窗观察效果，如图4.49所示。

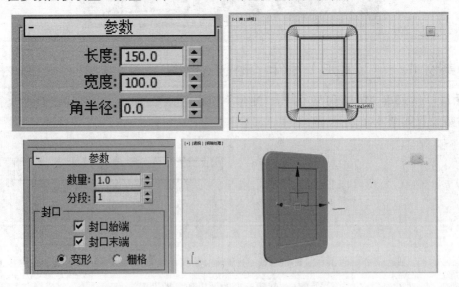

图4.49　使用"对齐"工具和"挤出"修改器创建相框内芯的参数设置和效果

步骤 5：切换到前视窗，单击"线"按钮 线 在相框旁边绘制一个梯形。然后进入"样条线"层级，选中梯形，在"几何体"卷展栏中设置"轮廓"的参数为"10"，然后单击"轮廓"按钮，退出编辑模式。在修改器列表中选择"挤出"修改器，设置"数量"为"5"，即可创建出相框的支架，效果如图 4.50 所示。

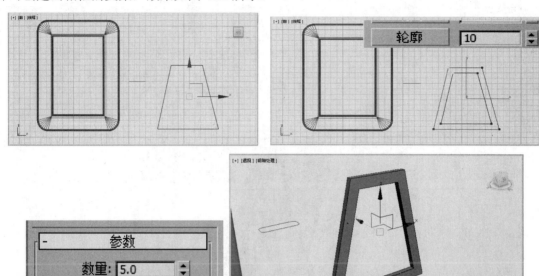

图 4.50　使用"轮廓"工具和"挤出"修改器创建相框内芯的参数设置和效果

步骤 6：利用各个视口，把创建好的相框和相框内芯一起旋转一个角度，形成斜角，并把支架反向旋转一定的角度后，放置到相框后面，效果如图 4.51 所示。

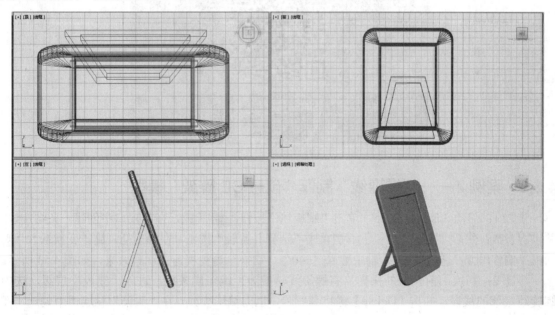

图 4.51　旋转画框、内芯及支架

步骤7：如果此时，再去修改"倒角剖面"修改器所拾取的矩形（即第二次创建的矩形），给矩形添加顶点，并使其呈下图所示效果，那么相框的表面会呈现出更精细美观的结构，相框的最终效果图如图4.52所示。

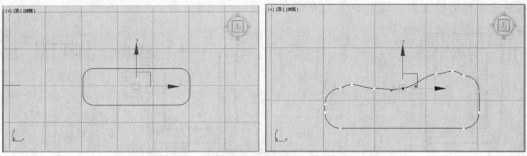

图 4.52　修改用于造型的矩形后得到的相框最终效果

4.3.3　案例Ⅲ——"螺旋线"制作"创意CD碟架"模型

步骤1：启动3ds Max 2015，单击"螺旋线"按钮 螺旋线 ，在前视口中创建一条螺旋线，并设置参数；然后，在主工具栏上右键单击"选择并旋转"按钮，在弹出的"旋转变换输入"对话框"偏移:世界"参数栏的Z轴中输入"-40"，切换至透视视窗去观察效果，如图4.53所示。

步骤2：切换回前视窗的操作，将螺旋线转换为可编辑样条线，进入"线段"层级，选中螺旋线底部的线段，并按【Delete】键将其删除，退出编辑模式。在"渲染"卷展栏中勾选"在视口中启用"复选框，并把径向的"厚度"改为"4"，然后右击鼠标将样条线转换为"可编辑多边形"，到透视视窗进行适当调整，参数设置效果如图4.54所示。

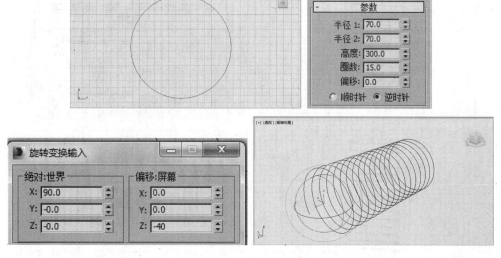

图 4.53 创建螺旋线参数设置和效果

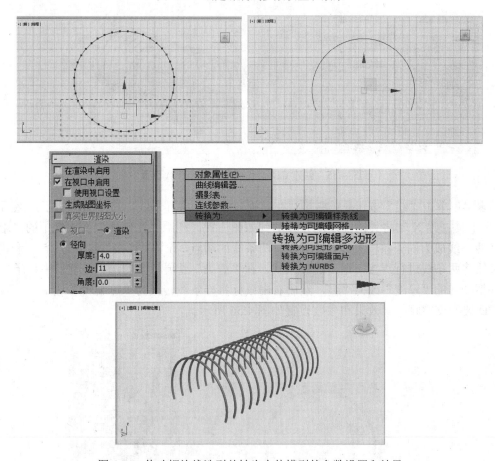

图 4.54 修改螺旋线造型并转为实体模型的参数设置和效果

步骤3：单击"矩形"按钮 矩形 ，在顶视口创建一个矩形，参数如图，把矩形长宽与螺旋线对齐，然后在左视口中将矩形移动到螺旋线底部末端，并在修改器列表中对矩形使用"挤出"修改器进行修改，在参数面板中把"数量"设置为"4"，透视口观察效果如图4.55所示。

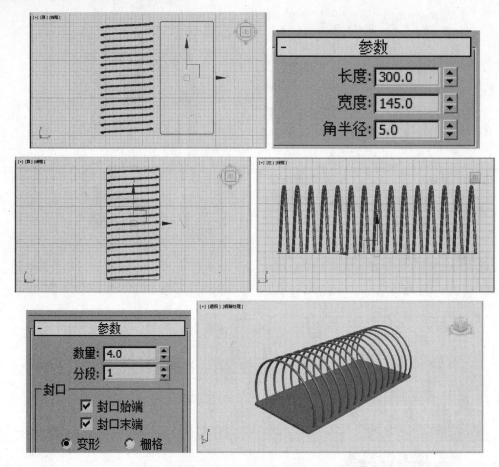

图 4.55 创建 CD 架底板的效果和参数设置

步骤 4：单击"线"按钮 线 在前视口绘制一条样条线，造型如图所示，然后利用"镜像"工具 沿 X 轴将其镜像复制并移动到如图位置，利用"几何体"卷展栏中的"附加"工具使两条线成为同一条样条线，接着选中两条线的端点，设置"焊接"参数为"5"，利用"焊接"按钮将两条线进行焊接，退出编辑模式。在"渲染"卷展栏中勾选"在视口中显示"复选框，并把径向的"厚度"改为"4"，然后右击鼠标将样条线转换为"可编辑多边形"，即可创建出 CD 架的支撑脚架，效果和参数设置如图 4.56 所示。

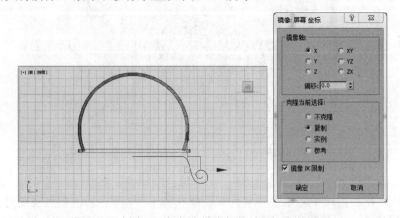

图 4.56 创建 CD 架的支撑脚架的效果和参数设置

第4章 样条线建模

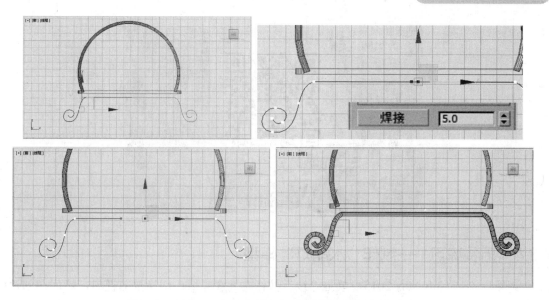

图 4.56 创建 CD 架的支撑脚架的效果和参数设置（续）

步骤 5：利用前视口和左视口，把创建好的支撑脚架移动到如图位置，并利用"移动"和按【Shift】键配合复制一个脚架到 CD 架的另一端，最终效果如图 4.57 所示。

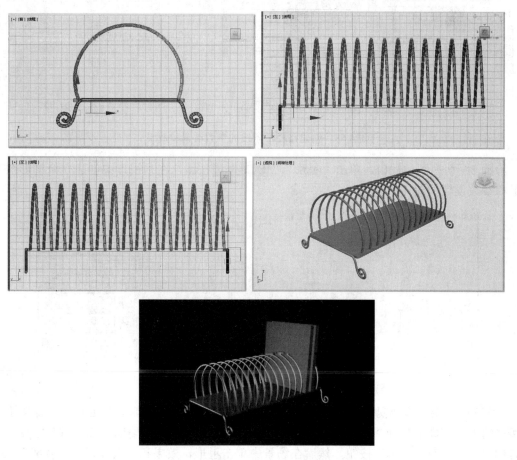

图 4.57 CD 架完成效果

95

4.3.4 拓展练习——制作"水晶灯"模型

步骤1：启动 3ds Max 2015，单击"线"按钮 线 ，切换至前视口，然后在创建面板最下方打开"键盘输入"卷展栏，首先输入"X:0，Y:O，Z:800"，单击"添加点"按钮，然后再输入"X:0，Y:0，Z:0"，再次单击"添加点"按钮，按"完成"按钮结束。注意创建的顺序，参数设置和效果如图 4.58 所示。

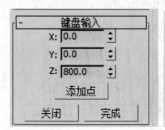 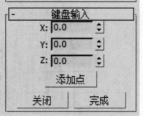 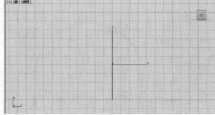

图 4.58 创建路径样条线的参数设置和效果

步骤2：切换到顶视口，单击"星形" 星形 按钮，在顶视口中创建一个星形图形，效果和参数设置如图 4.59 所示。

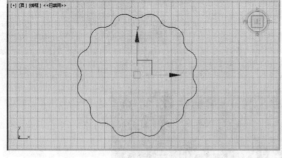

图 4.59 创建图形样条线效果和参数设置

步骤3：切换至透视视口，选中路径直线，然后在创建面板中单击"几何体" 按钮，在几何体的下拉列表中打开"复合对象"面板，单击"放样" 放样 按钮，然后在"创建方法"卷展栏中单击"获取图形"按钮，然后在场景中单击星形，效果和参数设置如图 4.60 所示。

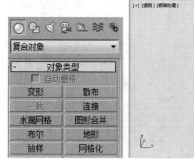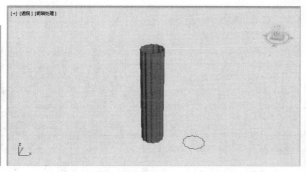

图 4.60　进行放样的参数设置和效果

步骤 4：选中放样所得的模型，然后在修改面板 下方的"变形"卷展栏中单击"缩放"按钮，将弹出一个"缩放变形"对话框，按下"均衡"按钮 与"显示 X/Y 轴按钮" ，利用"插入角点"工具 与"移动控制点"工具 以及"删除控制点"工具 ，对曲线进行编辑。效果如图 4.61 所示。这里的点用鼠标右键也可改变其模式，还可以利用显示缩放 按钮对该面板的显示效果进行缩放。在修改曲线时，应注意对话框中纵轴和横轴上的数值，并一边留意模型的变化，最后的主灯柱模型如图 4.61 所示。

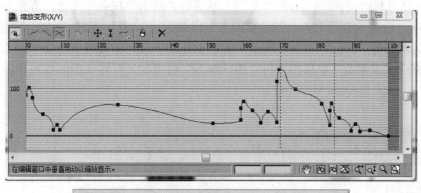

图 4.61　编辑主灯柱模型

步骤 5：切换到前视口，单击"线"按钮 ，在放样模型旁画一条曲线，切换至顶视口，然后单击"星形" 按钮，在曲线旁画一个星形，参数如图 4.62 所示。

步骤 6：切换至透视视口，选中曲线，打开"复合对象"面板，单击"放样" 按钮，将"路径参数"卷展栏中"路径"的参数设置为"0"，接着在"创建方法"卷展栏中单击"获取图形"按钮，然后在场景中单击星形。继续将"路径参数"卷展栏中"路径"的参数设置为"100"，再次单击"获取图形"按钮在，场景中单击星形，相关参数设置和效果如图 4.63 所示。

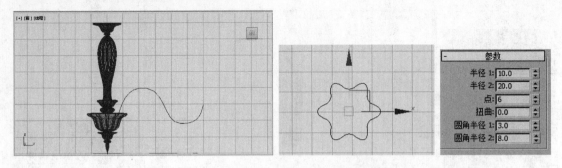

图 4.62 创建灯臂造型样条线效果和参数设置

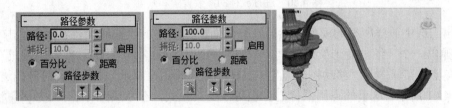

图 4.63 创建灯臂模型效果和参数设置

步骤 7：打开修改面板下方的"变形"卷展栏，单击"扭曲"按钮，将弹出一个"扭曲变形"对话框，曲线上有两个点，左边点的参数默认为（0，0）；选中右边的点把其参数在对话框下方改为（100，1500），然后在场景中观察曲线的变化。如果模型出现严重变形，还必须在修改面板的"蒙皮参数"卷展栏中将"路径步数"值增加。灯臂模型的效果和参数设置，如图 4.64 所示。

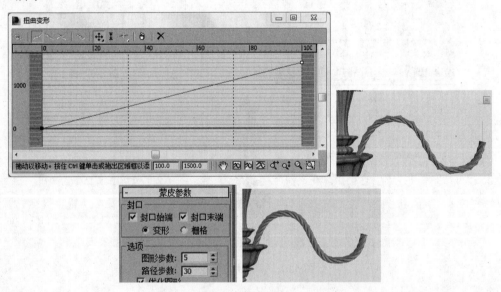

图 4.64 编辑灯臂模型效果及参数设置

步骤 8：在顶视口创建一个星形，然后转换为可编辑多边形，进入"顶点"层级，选中所有点，右击鼠标，把点全部转换为"平滑"模式。然后选中星形内圈的点，切换至左视口将其往下移动，形成一条立体的曲线。然后进入"样条线"模式，选中星形，设置"轮廓"值为"5"，再单击"轮廓"按钮，使其成为双线效果，创建灯托造型样条线的效果和参数设置如图 4.65 所示。

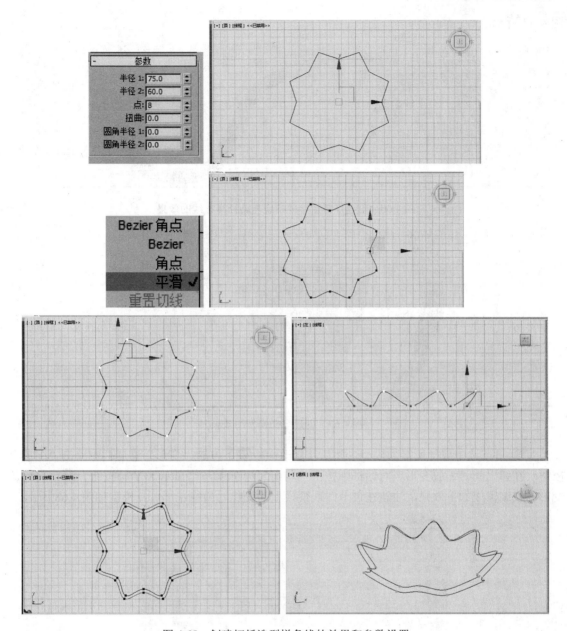

图 4.65 创建灯托造型样条线的效果和参数设置

步骤 9：在顶视口创建一个圆形，半径为"50"。将圆形转换为可编辑样条线后，进入"样条线"模式，选中圆形，设置"轮廓"值为"5"，再单击"轮廓"按钮，使其成为双线效果并切换至前视口，用"线"在如图位置从上至下绘制一条垂直的直线，注意在场景中单击第一点后，按下【Shift】键，然后再单击第二点，可使绘制的线条保持在正交位置，效果如图 4.66 所示。

步骤 10：切换至透视视口，选中刚才绘制的垂直线，打开"复合对象"面板，单击"放样" 放样 按钮，在"路径参数"卷展栏中将"路径"的参数设置为"0"，接着在"创建方法"卷展栏中单击"获取图形"按钮，然后在场景中单击双线星形。将"路径参数"卷展栏中"路径"的参数设置为"100"，再次单击"获取图形"按钮在场景中单击双线圆形，如

图4.67所示。

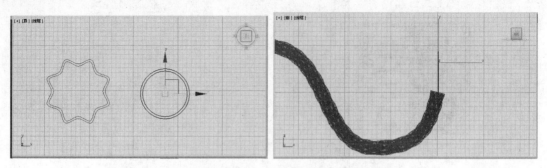

图4.66　创建灯托造型样条线与路径样条线的效果

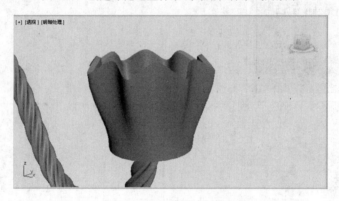

图4.67　创建灯托模型的效果

步骤11：选中放样所得的模型，然后在修改面板 下方的"变形"卷展栏中单击"缩放"按钮，在弹出的"缩放变形"对话框中按下"均衡"按钮 与"显示X/Y轴按钮" ，将缩放变形曲线编辑成如下效果，注意在调节时观察模型的变化，最终花形灯托模型如图4.68所示。

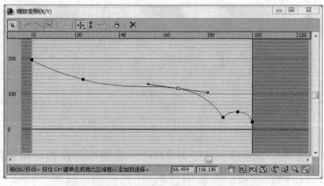

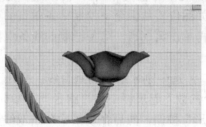

图4.68　编辑灯托模型和灯托模型的最终效果图

步骤12：切换到前视口，绘制一个蜡烛的轮廓线，绘制完毕后，退出编辑状态，在修改器列表中选择"车削"修改器，在下面的参数卷展栏中单击"方向"下的"Y"按钮和"对齐"下的"最小"按钮，可得蜡烛效果，把蜡烛移动到花形灯托的中心，如图4.69所示。

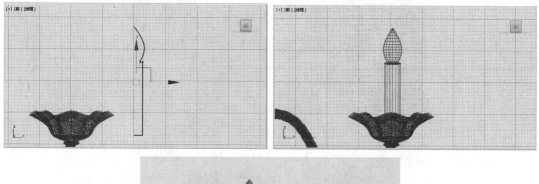

图4.69 创建蜡烛模型及效果

步骤13：选中灯臂、花形灯托以及蜡烛模型，在菜单栏"组"菜单中选择"组"，把三个对象进行组合，起名为"灯臂组01"，如图4.70所示。

图4.70 将灯臂、花形灯托以及蜡烛模型组合后的效果

步骤14：切换到顶视口，选中"灯臂组01"，在层次面板中按下"仅影响轴"按钮，单击主工具栏上的"对齐"按钮，再点选主灯柱模型，在弹出的对话框中进行如图设置，将"灯

臂组 01"的轴心对齐至主灯柱的中心位置上，然后关闭"仅影响轴"，相关参数设置和效果如图 4.71 所示。

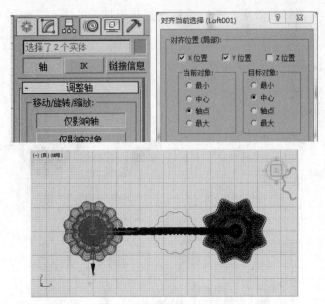

图 4.71　把"灯臂组 01"的轴心移动到主灯柱中心位置的参数设置及效果

步骤 15：对"灯臂组 01"进行阵列复制，在菜单栏的"工具"下拉菜单中选中"阵列"，即可弹出"阵列"对话框，设置参数，单击"确定"按钮完成复制，相关参数设置和最终效果如图 4.72 所示。

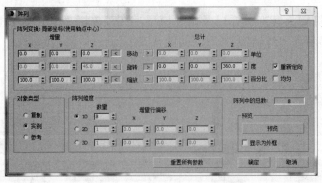

图 4.72　在"陈列"对话框中设置参数和"水晶灯"最终效果

本章小结

本章主要讲述了利用 3ds Max 2015 样条线建立三维模型的方法。恰当地使用样条线建模，可以迅速、快捷且准确地创建三维模型，使复杂的模型创建变得可行并有效。本章首先介绍了样条线的创建方法与基本的编辑操作，再通过多个实用案例，对常用的样条线建模方法进行介绍，以案例作为教学导引，以期在学习过程中获得样条线建模的经验。与此同时，在本章中还安排了综合案例，在样条线建模的基础上，加入了综合建模方法的讲述，通过案例的学习，可以学习到综合建模的应用技巧。

课后练习

请使用本章中所学知识制作一个雪糕模型，效果如图 4.73 所示。

图 4.73 "雪糕" 最终效果

第5章 复合对象建模

复合对象建模是 3ds Max 的一种高级建模方式，其原理是将两个或两个以上的图形通过复合对象类型，如变形、散布、布尔、放样、一致、地形等，形成新的三维模型。本章将介绍 3ds Max 2015 中的散布、布尔、放样三种常用复合对象类型。

教学目标

- 了解复合对象类型的建模方法
- 掌握常用复合对象类型的修改命令
- 熟练使用散布、布尔、放样等制作三维模型

教学内容

- 复合对象类型建模的原理
- 散布制作三维模型
- 布尔制作三维模型
- 放样制作三维模型

5.1 复合对象的创建

复合对象通常是将两个或多个现有对象组合成单个对象。3ds Max 2015 "创建"命令面板下方的第一个按钮就是"几何体"按钮，单击"几何体"按钮后，在下拉列表中就可以看到"复合对象"，如图 5.1 所示。

第5章 复合对象建模

图 5.1 "复合对象"选项

5.1.1 常用复合对象类型

复合对象创建面板包含 12 种对象类型，如图 5.2 所示。在实际案例制作中，常用的复合对象类型包括散布、布尔和放样等。散布是将所选择的源对象以阵列的形式分布在对象的表面。布尔是通过对两个对象执行布尔操作将它们组合起来。放样是从两个或多个现有样条线对象中创建放样对象，其中的样条线之一会作为路径，其余的样条线会作为放样对象的横截面或图形，沿着路径排列图形时会在图形之间生成曲面。这三种复合对象类型的示例和创建步骤请参看表 5.1。

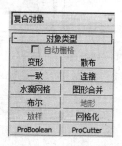

图 5.2 复合对象的类型

表 5.1 常用复合对象的示例和创建步骤

示 例	创 建 步 骤
(散布示例图)	散布： ① 创建 2 个对象，分别作为源对象或者分布对象； ② 选择源对象，然后在"对象类型"卷展栏上单击"散布"； ③ 单击"拾取分布对象"卷展栏上的"拾取分布对象"按钮，再单击视图中的分布对象
(布尔示例图)	布尔： ① 创建 2 个对象，分别作为操作对象 A 或者操作对象 B； ② 选择操作对象 A，然后在"对象类型"卷展栏上单击"布尔"； ③ 单击"拾取布尔"卷展栏上的"拾取操作对象 B"按钮，再单击视图中的操作对象 B

续表

示 例	创建步骤
	放样： ① 创建 2 个图形对象，分别作为图形对象或者路径对象； ② 任意选择其中的一个对象，然后在"对象类型"卷展栏上单击"放样"； ③ 单击"创建方法"卷展栏上的"拾取路径"或"拾取图形"按钮，再单击视图中的另外一个对象

5.1.2 其他复合对象类型

除了上述常用复合对象外，还有以下复合对象类型，这些复合对象类型的示例和功能说明请参看表 5.2。

表 5.2 其他复合对象的示例和功能说明

示 例	说 明	示 例	说 明
	变形是一种与 2D 动画中的中间动画类似的动画技术，可以合并两个或多个对象，方法是插补第一个对象的顶点，使其与另外一个对象的顶点位置相符		一致可以将一个对象的所有顶点都在一个平行的方向投影，该功能能够使道路适应崎岖的地面。另外的功能是允许两个不同的顶点对象相互变形
	连接是通过在对象的表面创建一个或多个"洞"，并确定"洞"的位置，使其连接起来		水滴网格使用几何体或粒子创建一组球体，然后将球体连接起来，如果球体在离另外一个球体的一定范围内移动，它们就会连接在一起
	图形合并能将一个或多个二维图形嵌入到一个或多个网格对象的表面		地形可以将多个二维图形对象组合成网格对象，主要用于创建地形
	网格化是以每帧为基准将程序对象转化为网格对象。它可用于任何类型的对象，但主要为使用粒子系统而设计		ProBoolean 是将大量功能添加到传统的布尔对象中，每次都可以使用不同的布尔运算，并组合多个对象
	ProCutter 是一个用于爆炸、断开、装配、建立截面或将对象（如 3D 拼图）拟合在一起的工具		

5.2 常用复合对象的修改

5.2.1 散布的修改

在视图中选择一个对象作为源对象并选择散布复合对象后，可以在修改面板中看到"散布对象"卷展栏，其中"源对象参数"组和"分布对象参数"组是决定分布效果的重要参数，"源对象参数"组相关参数如图 5.3 所示，"分布对象参数"组如图 5.4 所示。

重复数：设置源对象散布的重复数目。
基础比例：改变源对象和所有重复项的显示比例。
顶点混乱度：设置源对象和所有重复项的随机分布情况。
动画偏移：每个源对象重复项的动画偏移前一个重复项的帧数。
垂直：每个重复对象垂直于分布对象中的关联面、顶点或边。
仅使用选定面：将所有重复对象限制在分布对象所选的面内。
区域：将重复对象均匀地分布在分布对象的整个表面区域上。
偶校验：重复对象分布在分布对象中不相邻的面数。
跳过 N 个：在分布对象上放置重复对象时跳过 N 个面。如果设置为 "0"，则不跳过任何面；如果设置为 "1"，则跳过相邻的面。
随机面：在分布对象的表面随机地放置重复对象。
沿边：沿着分布对象的边随机地放置重复对象。
所有顶点：在分布对象的每个顶点放置一个重复对象。
所有边的中心：在分布对象的每个边的中点放置一个重复对象。
所有面的中心：在分布对象的每个三角形面的中心放置一个重复对象。
体积：遍及分布对象的体积散布对象。其他所有选项都将分布限制在表面。

图 5.3 "源对象参数"组　　　图 5.4 "分布对象参数"组

5.2.2 布尔的修改

在视图中选择一个对象作为源对象并选择"散布"复合对象后，可以在修改面板中看到"参数"卷展栏,其中"操作"选项组是决定模型效果的重要参数,"操作"组相关参数如图5.5所示。

并集:移除操作对象A和B的相交部分或重叠部分。

交集:显示操作对象A和B的相交部分或重叠部分。

差集(A-B):从操作对象A中减去相交的操作对象B的体积。

差集(B-A):从操作对象B中减去相交的操作对象A的体积。

切割:使用操作对象B切割操作对象A,但不给操作对象B的网格添加任何东西。

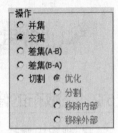

图5.5 "操作"组

5.2.3 放样的修改

在视图中选择一个对象作为图形对象并选择"放样"复合对象后,需要在创建方法卷展栏中单击"拾取路径"按钮,再在视图中选择对应的路径对象。其中"变形"卷展栏可以修改放样后的对象形状,选择其中的一种变形命令会弹出一个对应的对话框,在对话框中则需要修改其中的角点或直线来改变放样的形状,"变形"卷展栏如图5.6所示。

缩放:大于100%的值将使图形变得更大,反之变小。

扭曲:正值表示逆时针扭曲,负值为顺时针扭曲。

倾斜:正值表示图形沿着正轴方向逆时针倾斜,负值表示顺时针倾斜。

倒角:正值使图形更接近路径,负值使圆形背离路径。

拟合:拟合图形实际上是缩放边界。

图5.6 "变形"卷展栏

5.3 利用复合对象类型制作三维模型

5.3.1 案例Ⅰ——【散布】制作"树林"模型

步骤1:启动3ds Max 2015,单击几何体中的"标准基本体"对象中的"平面"按钮 平面 ,在顶视口中移动鼠标形成平面,在"参数"卷展栏中设置参数,如图5.7所示。

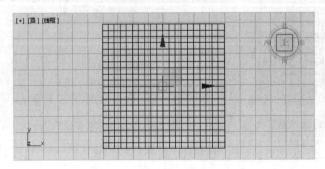

图5.7 制作平面的效果和参数设置

步骤2:接着在修改命令面板中的修改列表中选择"噪波"修改器,在"参数"卷展栏中的"强度"组中设置X、Y、Z的值,再使用"网格平滑"修改器,在"细分量"卷展栏中设置参数值,形成的地面如图5.8所示。

步骤3:单击几何体中的"AEC扩展"对象中的"植物"按钮,选择"收藏的植物"卷展栏中的"一般的棕榈"植物对象,在形成的地面上单击。接着在几何体中的"复合对象"对象中单击"散布"按钮,单击"拾取分布对象"卷展栏下的"拾取分布对象"按钮,再在视图中单击地面后设置"源对象"组中的"重复数"为"20",取消"分布对象参数"中的"垂直",并选择"分布方式"为"随机面"。"树林"最终效果如图5.9所示。

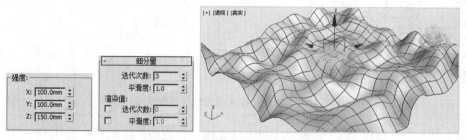

图 5.8 制作地面的参数设置和效果

图 5.9 "树林"最终效果

5.3.2 案例Ⅱ——【布尔】制作"铅笔"模型

步骤1:启动3ds Max 2015,单击几何体中的"标准基本体"对象"圆柱体"按钮,在左视口中创建一个圆柱体并设置参数,右键单击这个圆柱体,在"转换为"列表中选择"转换成可编辑多边形"命令,在修改面板中选择"可编辑多边形"下的"边"子级别,然后在前视口中选择如图 5.10 所示的边。

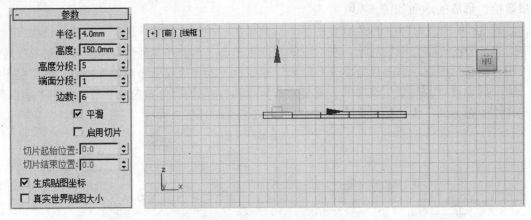

图 5.10 创建圆柱体的参数设置和效果

步骤 2：接着在"编辑边"卷展栏下单击"连接"右边的"设置"按钮，在前视口中设置"连接边—分段"的值为 6 后单击"连接边—确定"按钮，可以看到上一步骤中选中的边已经被分为 6 段，如图 5.11 所示，退出"可编辑多边形"级别。

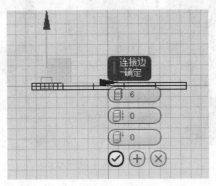

图 5.11 设置"连接边—分段"

步骤 3：在左视口中创建一个正方体并设置好参数，再创建一个圆锥体并设置好参数，使用工具栏上的"对齐"功能将正方体和圆锥体"轴点"对齐，如图 5.12 所示。

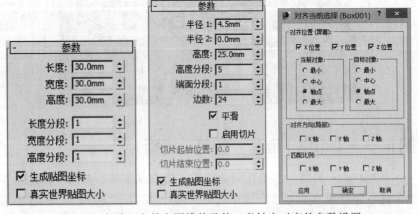

图 5.12 创建正方体和圆锥体及使二者轴点对齐的参数设置

步骤 4：旋转透视视口的角度，选中圆锥体，在"复合对象"中选择"布尔"对象类型，在"拾取布尔"卷展栏中单击"拾取操作对象 B"，再在透视视口中单击正方体，在"操作"卷展栏中选择"差集（B-A）"，效果如图 5.13 所示。

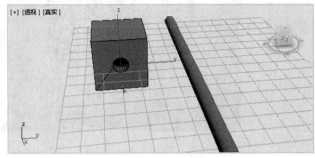

图 5.13 对圆柱体和圆锥体使用布尔的参数设置和效果

步骤 5：选中圆柱体，使用工具栏上的"对齐"按钮将圆柱体和正方体进行轴点对齐，并在顶视口中移动好圆柱体的位置，如图 5.14 所示。

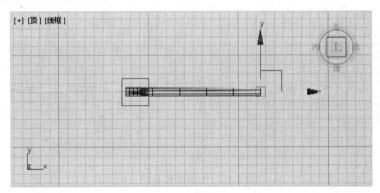

图 5.14 圆柱体和正方体对齐

步骤 6：再次选中圆柱体，选择"复合对象"中的"布尔"对象类型按钮，在"拾取布尔"卷展栏中单击"拾取操作对象 B"，再在透视视口中单击正方体，在"操作"卷展栏中选择"差集（A-B）"，调整好角度后的效果如图 5.15 所示。

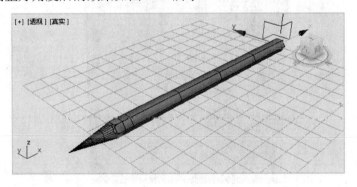

图 5.15 "铅笔"最终效果

5.3.3 案例Ⅲ——【放样】制作"窗帘"模型

步骤1：启动 3ds Max 2015，单击图形中的样条线对象"线"按钮 线 ，在顶视口中绘制出"图形"作为窗帘的截面，再在前视口中绘制一条直线"路径"作为窗帘的高度，如图5.16所示。

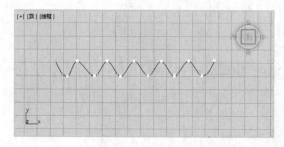 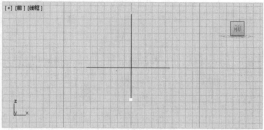

图 5.16 绘制图形和路径

步骤2：在任意视图中选择"图形"，再选择"复合对象"中的"放样"对象类型，然后在"创建方法"卷展栏中单击"获取路径"按钮，再单击视图中"路径"，在"蒙皮参数"卷展栏中设置"路径步数"的值为"50"，窗帘的初步效果如图5.17所示。

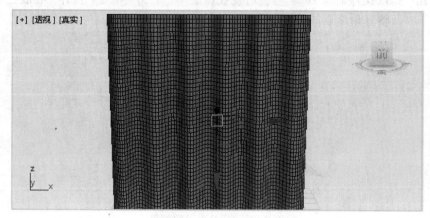

图 5.17 窗帘的初步效果

步骤3：保持窗帘为选中状态，在修改面板的"变形"卷展栏中单击"缩放"按钮，弹出

"缩放变形"对话框,单击其中的"插入角点"按钮,在红色直线上插入一个角点,右键单击该角点,在弹出的列表中选择"Bezier-角点",同时调整每个角点的位置,如图 5.18 所示。

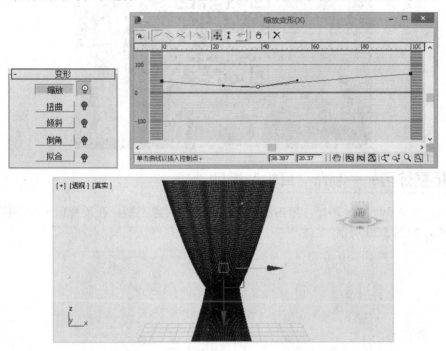

图 5.18 对窗帘"变形"的参数设置和效果

步骤 4:在修改命令面板中选择"Loft"的子级别"图形",再单击视图中的图形,接着在"图形命令"卷展栏的"对齐"选项组中单击"左"按钮,退出"Loft"级别,使用工具栏上的【镜像】按钮对变形后的窗帘进行复制,相关参数设置和最终效果如图 5.19 所示。

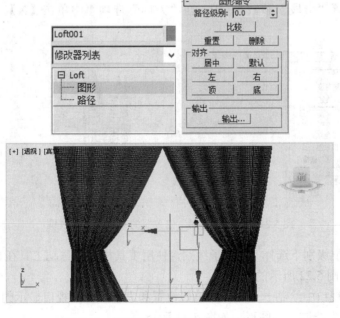

图 5.19 相关参数设置和窗帘的最终效果

5.3.4 拓展练习——制作"耳机"模型

步骤1：启动 3ds Max 2015，单击图形中的"线"对象类型，在顶视口中绘制图形，并编辑线的顶点，如图 5.20 所示。

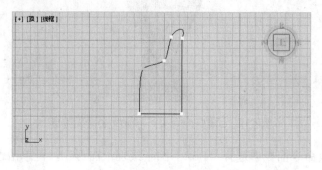

图 5.20 绘制图形

步骤2：退出顶点级别，在修改器列表中选择"车削"修改器，在"参数"卷展栏中选择"焊接内核"，设置"分段"参数为 50；在"方向"选项组中单击【X】按钮，参数设置效果如图 5.21 所示。

 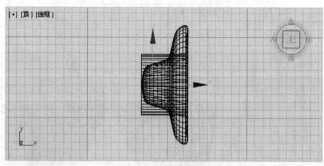

图 5.21 使用"车削"修改器的参数设置和效果

步骤3：在车削级别下选择"轴"子级别，使用工具栏上的移动工具在顶视口中沿着 Y 轴向下移动，形成如图 5.22 所示的效果。

步骤4：在左视口中绘制一个圆，调整好位置和大小，在顶视口显示的是一条直线。再在顶视口中使用"线"绘制一个图形，如图 5.23 所示。

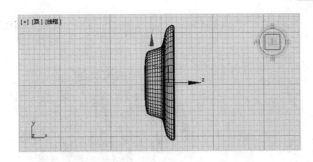

图 5.22 调整"车削"中的"轴"效果

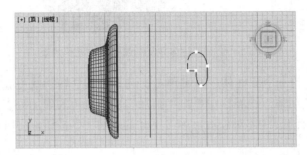

图 5.23 绘制圆和图形效果

步骤 5：在顶视口中选中圆，单击复合对象中的"放样"按钮，在"创建方法"卷展栏中单击"获取图形"按钮，在"蒙皮参数"卷展栏中设置"路径步数"为"15"，再在顶视口选中上一步骤中创建的图形。在透视视口中可以看到形成的效果，再使用工具栏上的"镜像"工具，在对话框中选择"镜像轴"为 Z，并且不克隆，调整位置并使用工具栏上的"缩放"工具缩放后的效果如图 5.24 所示。

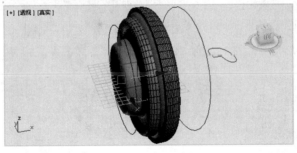

图 5.24 使用"放样"对象类型的效果和参数设置

步骤 6：在左视口中绘制一个圆柱体，设置好参数，在透视视口中进行复制，如图 5.25 所示。

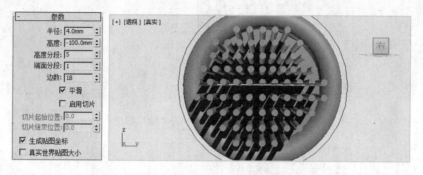

图 5.25　绘制圆柱体并复制的参数设置和效果

步骤 7：选中其中的一个圆柱体，右键单击，选择将其"转换成可编辑多边形"，在修改命令面板中的"编辑几何体"卷展栏中单击"附加"按钮右边的附加列表按钮，在弹出的附加列表对话框中选择所有的圆柱体对象后，单击下面的"附加"按钮，将所有的圆柱体附加为整体，如图 5.26 所示。

图 5.26　在"附加列表"对话框中将所有的圆柱体附加为整体

步骤 8：保持附加的圆柱体为选中状态，在"复合对象"中选择"布尔"对象类型，在"操作"卷展栏中选择"差集（B-A）"，在"拾取布尔"卷展栏中单击"拾取操作对象 B"，再在顶视口中单击左边的图形（步骤 3 中形成的图形），效果如图 5.27 所示。

图 5.27　使用"布尔"对象类型的效果

步骤9：在视图中选择制作好的两个模型，在菜单栏中选择组，将两个模型合并成一个对象，使用"镜像"工具进行复制，调整好位置，效果如图5.28所示。

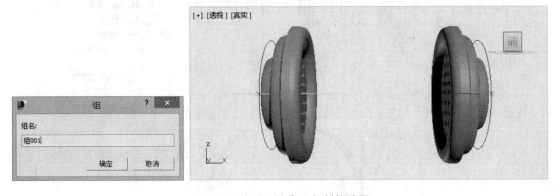

图 5.28 使用"镜像"复制的效果

步骤 10：在顶视口中绘制一个"弧"并设置好参数，再绘制一个矩形并设置好参数。接着选择"弧"，选择"复合对象"中的"放样"对象类型，在修改命令面板下的"创建方法"卷展栏中单击"拾取图形"按钮，再在顶视口中单击矩形，效果如图5.29所示。

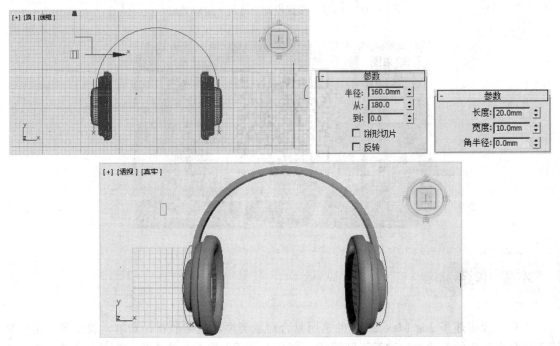

图 5.29 使用"放样"对象类型的效果和参数设置

步骤 11：在顶视口中绘制一条"线"并调整好顶点，退出"顶点"子级别，在修改命令面板下的"渲染"卷展栏下勾选"在渲染中启用"和"在视口中启用"，设置厚度为5，最终效果如图5.30所示。

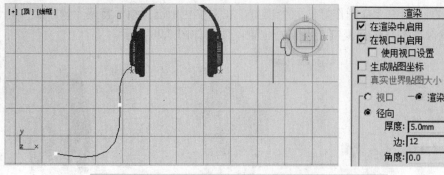

图 5.30 "渲染"参数设置"耳机"最终效果

本章小结

本章主要讲述了 3ds Max 2015 的常用复合对象类型，包括散布、布尔、放样等，通过对这三种复合对象的参数面板进行详细阐述，有利于灵活地修改三维模型。在使用散布、布尔、放样复合对象创建三维模型中，分别安排了一个制作"树林"模型、制作"铅笔"模型和制作"窗帘"模型的案例，另外又通过拓展练习制作"耳机"模型巩固知识和提高操作技能。

课后练习

请使用本章中所学知识制作一个"仙人掌盆栽"模型，效果如图 5.31 所示。

第5章 复合对象建模

图 5.31 "仙人掌盆栽" 最终效果

第6章 NURBS 曲线建模

NURBS 曲线建模与多边形几何体建模不同，它非常适合创建平滑无棱角的模型，如大部分工业模型。NURBS 全称 Non-Uniform Rational B-Splines，即非均匀有理 B 样条曲线。我们使用传统多边形方法很难实现复杂的平滑曲面，只能通过增加点线面的方法来模拟，创建过程也不方便，而 NURBS 刚好弥补了这方面的不足。它依靠本身独特的算法，能快速轻松地创建出用传统方法难以实现的曲线和曲面，渲染效果也是绝对平滑的，能完全满足工业级效果的表现。

教学目标

- 了解 NURBS 对象的类型
- 掌握 NURBS 曲线曲面的创建与修改
- 熟练使用 NURBS 点线面功能的切换

教学内容

- NURBS 曲线的创建和修改
- NURBS 曲线创建功能区
- NURBS 曲线制作三维模型

6.1 NURBS 曲线的创建

NURBS 曲线的创建方法大致有两种，一是直接从面板创建，二是创建完样条曲线后再转换成 NURBS 曲线，而第一种方法使用较为普遍。

6.1.1 NURBS 曲线的对象类型

NURBS 曲线有两种类型：点曲线和 CV 曲线（图 6.1）。

创建点曲线：单击"点曲线"按钮，在正交视图中依次单击产生"点"，单击右键完成创建，如图 6.2 所示。

图 6.1　两种曲线类型

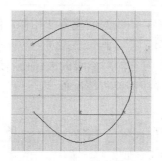

图 6.2　创建点曲线的效果

创建 CV 曲线：方法同上，只不过产生的"点"为"CV 点"，且并不在曲线上，但它可以控制曲线的大体形状，如图 6.3 所示。

使用另一种方法创建 NURBS 曲线方法，先创建样条曲线，在右键菜单中选择"转换为 NURBS"，如图 6.4 所示。

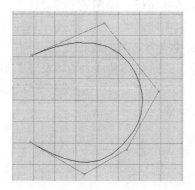

图 6.3　CV 曲线效果

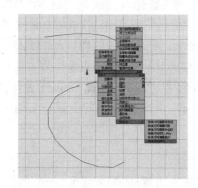

图 6.4　转换 NURBS 效果

转换完成后，发觉曲线比之前平滑了，此时曲线的属性为 CV 曲线，可以用 CV 点控制曲线形状，如图 6.5 所示。

观察修改面板，展开"+"号有曲线 CV 和曲线两个选择，激活"曲线 CV"项，可以看到曲线的 CV 点，如图 6.6 所示。

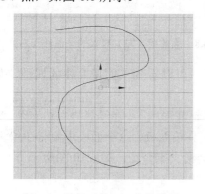

图 6.5　转换后的 CV 曲线效果

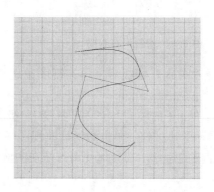

图 6.6　进入 CV 层级后的曲线效果

6.1.2 点曲线和 CV 曲线的对比

点曲线和 CV 曲线的创建方法相似，但属性不同。点曲线的控制点在曲线上，可以通过增加点来控制细节，它与平滑方式创建的样条曲线非常相似，只是属性不同而已；CV 曲线的 CV 点不在曲线上，但它能对曲线的大体形状进行控制而无需过多的点。所以这两种曲线各有优缺点，使用哪种曲线需要视情况而定。

6.2 NURBS 曲线的修改

选择创建好的 NURBS 曲线，在修改面板的"NURBS 曲线"层级下面可以看到以下几个卷展栏。

6.2.1 "常规"卷展栏

常规卷展栏在修改面板下，是 NURBS 最基本的功能面板，如图 6.7 所示。

附加：将一根 NURBS 曲线附加到本曲线成为新的曲线。

附加多个：将两根或两根以上的曲线附加到本曲线成为新的曲线。

导入：将一根 NURBS 曲线作为本曲线的子曲线，此时整体曲线具有"父子"层级，子层级的曲线不可以直接被选择，必须先选择整体曲线，再进入"导入"层级选择被导入的曲线，如图 6.8 所示，左边为原本的曲线，右边为被导入的子曲线。

图 6.7 "常规"卷展栏

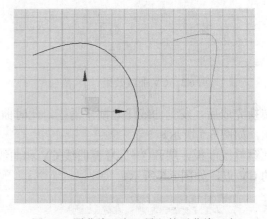

图 6.8 原曲线（左）导入的子曲线（右）

选择"导入"层级后，再在视图中选择子曲线，可以看到下面子曲线的属性，如图 6.9 所示。

然后单击子曲线的"点"和"曲线"层级就可以编辑其形状了。在卷展栏右边有个"NURBS 创建工具箱"小按钮，单击激活后在视图中会看到工具箱面板，这个面板里集合了绝大部分曲线曲面建模的命令，其具体使用方法在实例教学中会给大家介绍，如 6.10 图所示。

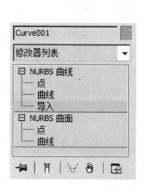 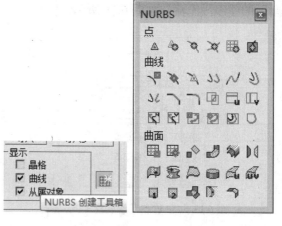

图 6.9 "导入"层级　　　　　　图 6.10 "NURBS"工具箱

6.2.2 "曲线近似"卷展栏

"曲线近似"卷展栏主要的参数是"步数",在常规卷展栏下面,如图 6.11 所示。

卷展栏"步数"参数起到曲线平滑度(图 6.12)的控制作用,下图左方为步数"1",右方为步数"8",明显步数越高越平滑,但一般 8 已能满足大部分的需要。此项参数保持默认即可。

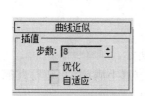 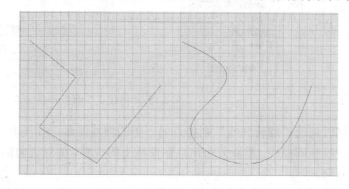

图 6.11 "曲线近似"卷展栏　　　　　　图 6.12 不同"步数"的平滑程度

6.2.3 "创建点"卷展栏

"创建点"卷展栏:主要设置各种类型"点"的生成,包括在曲线和曲面上的点,如图 6.13。

点:在曲线上或曲线外创建随意的点。

偏移点:将曲线上原有的点更改为偏移点,偏移点本身具有可以偏移的属性。单击该按钮,卷展栏下方会出现偏移点卷展栏,再单击曲线上任一点,该点转换为偏移点,调整偏移点 XYZ 偏移参数,可以偏移其空间位置。此时进入 NURBS 曲线的"点"层级,选择偏移点并移动,可以发现该点可以控制原有点的移动,如图 6.14 所示。

曲线点:在曲线上标记点,其属性如图 6.15 所示。

曲线点也具有可偏移的属性,但一般不使用它,保持在曲线上的位置。"法线"选项是垂直于曲线切线的方向偏移,"切线"选项则是沿该点的切线方向偏移。勾选"修剪曲线",则将点前面的曲线段隐藏，如图 6.15 所示。

图 6.13 "创建点"卷展栏

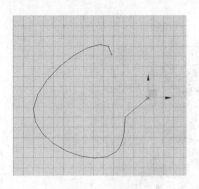

图 6.14 偏移点

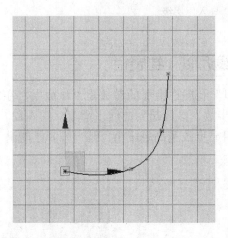

图 6.15 "曲线点"面板和曲线点

同时勾选"翻转曲线"则将点另一侧的曲线隐藏，如图 6.16 所示。

替换基础曲线：重新分布该点在曲线上的位置，如对之前的点位置不满意，可进行此操作，方法同前。

曲线-曲线：将在空间上相交的附加在一起的两条曲线进行修剪。单击该按钮后，分别再单击这两条曲线，会产生两个黄色四方形点，这两个点的位置可以随意，如图 6.17 所示。

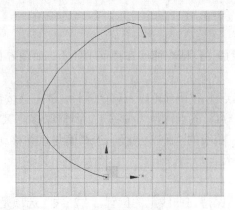

图 6.16 翻转曲线

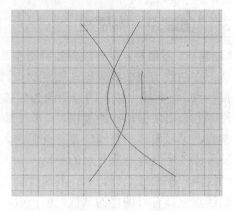

图 6.17 曲线-曲线

这时在面板下面会生成"曲线-曲线相交"卷展栏，如图 6.18 所示。

在"曲线-曲线相交"卷展栏中勾选两条曲线的"修剪曲线"选项后产生如图 6.19 效果。修剪是根据曲线相交的点进行的，而不是创建的两个黄色点。

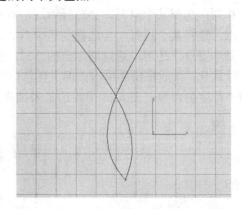

图 6.18 "曲线-曲线相交"卷展栏　　　　　图 6.19 修剪曲线

曲面点：在曲面上创建从属点，性质和"曲线点"相似。先激活该按钮，在 NURBS 曲面上单击则创建曲面点，单击右键结束创建。

曲面-曲线：在附加在一起的曲线和曲面之间创建从属点，NURBS 曲线必须穿过曲面。先激活该按钮，单击曲线，再单击曲面。

6.3 NURBS 曲线创建功能区

NURBS 模型和多边形模型一样，存在点、线、面层级，而操作方式有相同也有不同之处，下面来看看 NURBS 三个层级的功能操作区。

6.3.1 点功能区

NURBS 曲线或曲面都存在点层级，如图 6.20 所示。

进入修改面板点层级，可以选择点进行移动操作，点的选取方式如图 6.21 所示。

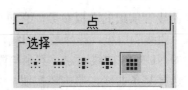

图 6.20　NURBS 点层级　　　　　图 6.21　点的选取方式

单个点：选择某个点时，不会选择到其他任何点。

点行：选择某个点时，会选择到这个点的所在行的所有点。

点列：选择某个点时，会选择到这个点的所在列的所有点。

点行和列：选择某个点时，会选择到这个点的所在行和列的所有点。

所有点：选择某个点时，会选择到整个 NURBS 对象的所有点。

除了基本操作，还可以通过增加点的方式进行优化。优化面板如图 6.22 所示。

曲面行优化，激活按钮后单击曲面上任意位置则会在该点位置增加一行点，同时附近行的点会有较小程度的调整。图 6.23 中左边是未优化的，右边是优化过的。

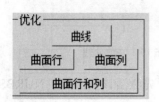

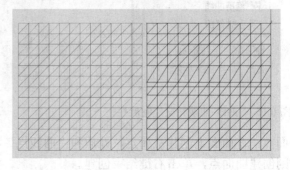

图 6.22 优化面板　　　　　　　　　　图 6.23 曲面优化

曲面列优化、曲面行和列优化和行优化同理，操作方法相同，可自行尝试，这里不再阐述。

曲线的点和曲面点性质相同，只是能够使用"延伸"。下图左边是原曲线，右边是延伸后的曲线。激活按钮，选择曲线的某一端拖动左键即可完成操作，如图 6.24 所示。

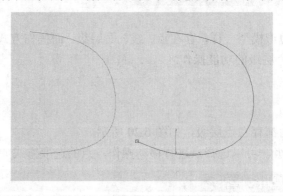

图 6.24 原曲线和延伸后的曲线

6.3.2 曲线功能区

下面看看"曲线"层级的面板参数，它包括了常用曲线的命令，如图 6.25 所示。

隐藏：进入"曲线"层级，选择某条曲线，可隐藏被选择的曲线。这里的曲线可以是多条曲线附加在一起的 NURBS 曲线对象。其余与隐藏相关的按钮操作均比较简单，可自行尝试。

进行拟合：选择某条曲线，单击该按钮，会弹出"创建点曲线"对话框，如图 6.26 所示。

图 6.25 "曲线公用"面板

图 6.26 "创建点曲线"对话框

点数值越高则曲线越平滑,反之则越不平滑,这里必须取一个平衡值,除非有特殊需要,一般保持默认。

反转:将所选曲线的开始和末端两个点互换。

转化曲线:如果原曲线是点曲线,则将其转化为 CV 曲线。公差值越大则曲线越不平滑,反之则越平滑。如果选择"数量"值,则和公差算法相反,值越大曲线越平滑,反之则不平滑,如图 6.27 所示。

分离:如果曲线对象是由多条曲线附加在一起而形成的,那么可以在"曲线"层级选中要分离的曲线将其分离。

断开:通过增加点的方式断开曲线。激活按钮,在曲线上单击一下,便在曲线上将其断开,再进入"点"层级可移动断开的点。

连接:激活按钮,拖动左键从一点至另一点,松开左键便可连接断开的两点。此时会弹出"连接曲线"对话框,按确定结束操作,如图 6.28 所示。

图 6.27 "转化曲线"对话框

图 6.28 "连接曲线"对话框

按 ID 选择:这个功能与多边形的 ID 匹配类似,前提是曲线对象必须是由两条以上的曲线附加而成，如图 6.29 中的两条曲线。

进入"曲线"层级，先选择左边曲线，在材质 ID 旁边填 1，回车确认。同理右边为 ID2。这样便可以将曲线分配成不同的 ID。单击"按 ID 选择"按钮，选择想要的 ID 然后确定，完成操作，被选中的曲线会以红色表示。

关闭：该功能可闭合弯曲的曲线，将其连接成一个循环。但要注意的是，它不能对"直线"类型的曲线起作用，必须是具有弧度的曲线。点曲线和 CV 曲线都有该功能，如图 6.30 所示。

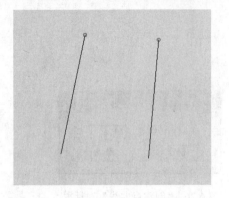

图 6.29　同一 NURBS 对象的两条曲线

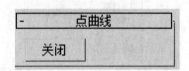

图 6.30　曲线的关闭功能

6.3.3　曲面功能区

下面主要介绍几个常用功能的按钮，而关于"隐藏"功能的按钮和曲线部分相同，"曲面公用"面板如图 6.31 所示。

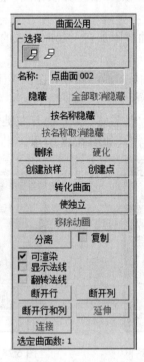

图 6.31　"曲面公用"面板

删除：删除选中的曲面

硬化：令选中的曲面硬化。对于"曲面"层级只有在刚体曲面上可以编辑，硬化后不能操作刚体曲面的点或 CV，也不能增加或减少点或 CV。如果要取消硬化，单击"创建点""使独立""断开""连接"等均可以。

6.4 利用 NURBS 曲线制作三维模型

通过前面的基础学习，下面我们来学习几个典型实例来巩固所学的知识，力求令学习达到举一反三的效果。

6.4.1 案例Ⅰ——CV 曲线制作"抱枕"模型

步骤1：用 CV 曲线在前视口中绘制闭合曲线，复制这两条曲线并调整形状与抱枕轮廓一致，再将这两个曲线形状沿 Y 轴镜像复制到另一边，如图 6.32 所示。

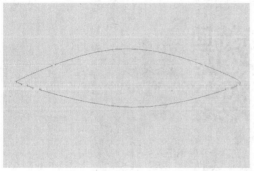

图 6.32 抱枕整体形状截面

步骤2：选择最左边的一根曲线，在 NURBS 工具箱中单击"创建 U 向放样"按钮，再依次单击各曲线，生成 NURBS 模型，如图 6.33 所示。

步骤3：单击 NURBS 工具箱中的"创建封口曲面"按钮，分别在模型两边缺口处单击，将模型闭合，如图 6.34 所示。

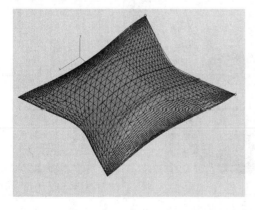
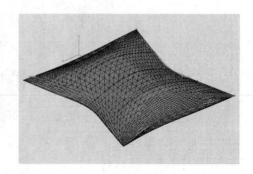

图 6.33　NURBS 抱枕模型　　　　图 6.34　创建封口曲面

步骤 4：在修改面板中添加"FFD3×3×3"修改器，进入"控制点"层级，将其整体外形调整如图 6.35 所示效果。

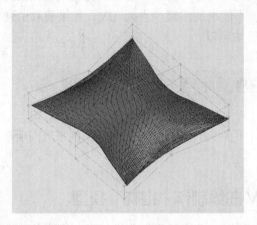

图 6.35　运用"FFD3×3×3"修改器调整后的抱枕最终效果

6.4.2　案例 II ——使用"NURBS 创建工具箱"制作"藤条装饰品"模型

步骤 1：在场景中创建一个球体，右键转换为 NURBS，在修改面板下"常规"卷展栏中打开 NURBS 工具箱，单击"创建曲面上的 CV 曲线"按钮，在球体上随意绘画线条，单击右键结束创建，如图 6.36 所示。

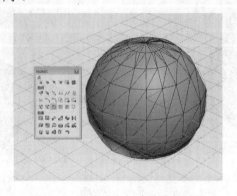

图 6.36　在球体上创建曲线的效果

步骤 2：进入"曲线"层级，再单击绘画好的曲线，再单击"曲线公用"卷展栏下的 分离 按钮，使曲线从球体分离出来，如图 6.37 所示。

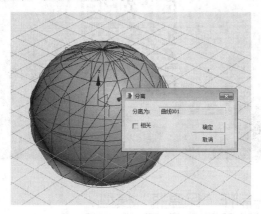

图 6.37　将曲线分离的操作

步骤 3：把球体隐藏，在"渲染"卷展栏中勾选"在渲染中启用"复选框，使曲线可以渲染厚度，如图 6.38 所示。

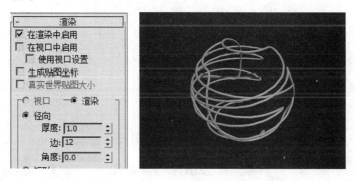

图 6.38　渲染曲线厚度的参数设置和效果

步骤 4：按住【Shift】键，使用"选择并旋转"工具旋转复制出几个不同角度的曲线，在前视口中画一条 CV 曲线，最后渲染效果如图 6.39 所示。

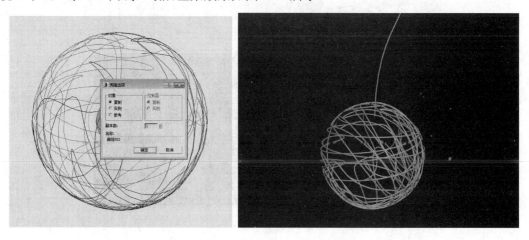

图 6.39　"藤条装饰品"模型最终效果

6.4.3 拓展练习——制作"保温瓶"模型

步骤1：在前视口中创建4根CV曲线，分别作为保温瓶的4个部件截面形状，中间的CV点要对齐在中心线上，其在X轴的坐标均为"0"，如图6.40所示。

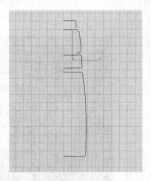

图6.40　创建的CV曲线截面

步骤2：在NURBS工具箱中单击"创建车削曲面"按钮，再依次单击各曲线使其形成车削曲面，创建完成，如图6.41所示。

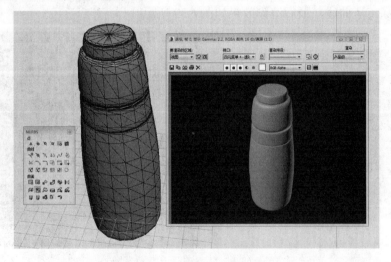

图6.41　模型创建完成效果

本章小结

本章介绍了 NURBS 曲线与曲面的基础及扩展知识，重点在点线面的操作，难点在曲线与曲面同时结合的操作。NURBS 在工业建模中可起到重要作用，它可以保持大量平滑而连续的曲面。一般由建立曲线开始，通过各种命令生成复杂的模型，需要在理解的基础上多加练习，才能熟练掌握使用 NURBS 曲线建模方法。

课后练习

用 NURBS 曲线来制作一个简单火箭模型，最终效果图如图 6.42 所示。

图 6.42　模型完成效果

第 7 章

多边形建模

多边形建模就是 Polygon 建模，翻译成中文是多边形建模，是目前三维软件主流建模方式，也是最为传统和经典的一种建模方式，已被广泛应用于游戏角色、影视、工业造型和室内外等模型制作中。多边形建模的优势非常明显，首先，它的操作感非常好，3ds Max2015 中为我们提供了许多高效的工具，良好的操作感使初学者极易上手，因为可以一边做，一边修改；其次，可以对模型的网格密度进行较好的控制，对细节少的地方少细分一些，对细节多的地方多细分一些，使最终模型的网格分布稀疏得当，后期我们还能比较及时地对不太合适的网格分布进行纠正。

学习目标

- 掌握常见的多边形建模方法

学习内容

- 编辑多边形与编辑网格用法
- 网格平滑用法
- 石墨建模工具

7.1 多边形建模方法

7.1.1 编辑网格与编辑多边形

3ds Max 2015 多边形建模方法比较容易理解，非常适合初学者学习，并且在建模的过程中有更多的想象空间和可修改余地。3ds Max 2015 中的多边形建模主要有两个命令：可编辑网格和可编辑多边形，几乎所有的几何体类型都可以塌陷为可编辑多边形或者可编辑网格。

编辑网格方式建模兼容性极好，优点是制作的模型占用系统资源最少，运行速度最快，在较少的面数下也可制作较复杂的模型。它将多边形划分为三角面,可以使用编辑网格修改器直接把物体塌陷成可编辑网格。编辑多边形是后来在网格编辑基础上发展起来的一种多边形编辑技术,与编辑网格非常相似。不同的是编辑网格是由三角面构成的,编辑多边形可以使用三角网格模型,也可以使用四边形或者多边形,而且编辑多边形更加方便、快捷,更适合模型的构建。3ds Max 几乎每一次升级都会对可编辑多边形进行技术上的提升,将它打造得更为完美,使它的很多功能都超越了编辑网格而成为了多边形建模的主要工具。本章将重点介绍编辑多边形的用法。

7.1.2 编辑多边形

多边型制作模型是最简单直接的,由于多边型模型是由点、线(边界)、面三个基本元素所构成的。点是三维空间座标中的特定位置,而线则是连接两个点的直线,而面则为多个连续边所封闭而成的区域。边界是网格的线性部分,通常可以描述为孔洞的边缘。随着 3d Max 版本的不断改进,给多边形建模增加了许多操作点、线、面的工具。

1. 转换多边形对象

在编辑多边形对象之前首先要明确多边形对象不是创建出来的,而是转换出来的,将物体塌陷为多边形的方法主要有以下 4 种。

选中对象,然后在界面左上角"建模"选项卡中单击"建模"  按钮,接着单击"多边形建模" 按钮,最后在弹出的面板中单击"转化为多边形" 按钮,如图 7.1 所示。

在对象上单击鼠标右键,然后在弹出的快捷菜单中执行"转换为"→"转换为可编辑多边形"命令,如图 7.2 所示。

图 7.1 多边形建模面板

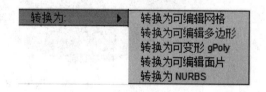

图 7.2 转换为可编辑多边形

为对象加载"编辑多边形"修改器,如图 7.3 所示。

在修改器堆栈中选中对象,然后单击鼠标右键,在弹出的菜单中选择"可编辑多边形",如图 7.4 所示。

2. 可编辑多边形卷展栏

(1)"选择"卷展栏。

多边形中的选择功能,可以使我们更有效地选择多边形中子对象,打开选择卷展栏,如图

7.5 所示。这个卷展栏中包含了选择子对象的所有功能，上面的五个按钮 分别对应于多边形的五种子对象（点，边，边界，面，元素），被激活的子物体按钮为上图所示的黄色显示，再次单击可以退出当前的子级别，也可以直接单击进入别的子级别，它们的快捷键是数字键的"1，2，3，4，5"（注意不是小键盘上的数字键）。

图 7.3　添加"编辑多边形"修改器　　　　图 7.4　修改器堆栈右键快捷菜单

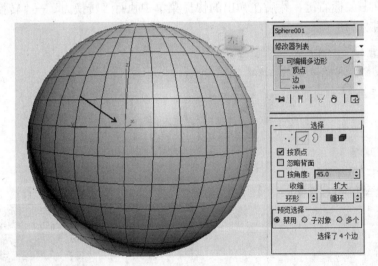

图 7.5　"选择"卷展栏

中间是三个复选框。第一个是"按顶点"，它只能在除了点以外的其余四个子级别中使用。如要进入边级别，勾选此项，然后在视图中的多边形上单击，注意要单击有点的位置，那么与此点相连的边都会被选择，在其他级别中也有同样的操作；第二个是"忽略背面"，一般在选择的时候，如框选时会将背面的子对象一起选中，如果勾选此项，在选择时只会选择可见的表面，而背面不会被选择，此功能只能在进入子级别时被激活，如图 7.6 所示；第三个是"按角度"，如果与选择的面所成角度在后面输入框中所设的阀值范围内，那么这些面会同时被选择。

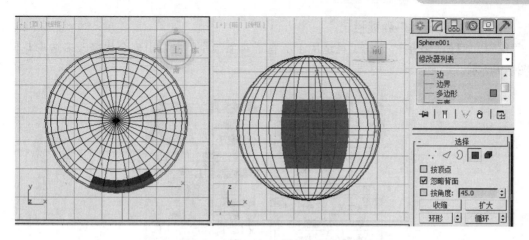

图 7.6 勾选"忽略背面"的效果

下方是四个加强选择功能的按钮。

收缩 收缩：单击该按钮，对当前选择的子对象级进行由外围向内的收缩选择，减少选择的子对象数量。

扩大 扩大：单击该按钮，对当前选择的字对象级进行向外围扩展的选择，增加当前选择的子对象数量。

环形 环形：单击该按钮，与当前边平行的所有边，此功能只能应用在边和边界级别中，如图 7.7 所示。

循环 循环：单击该按钮，与当前选择的部分构成一个循坏的子对象，此功能也只能应用在边和边界级别中，如图 7.8 所示。

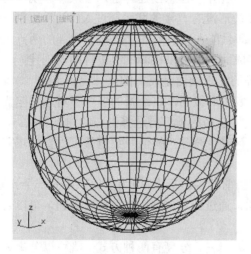

图 7.7 "环形"选择功能的效果

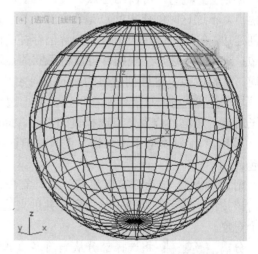

图 7.8 "循环"选择功能的效果

（2）"软选择"卷展栏。

软选择可以将我们当前选择的子级别的作用范围向四周扩散，当变换的时候，离原选择集越近的地方受影响越强，越远的地方受影响越弱，被选中并移动的点为红色，作用力由红色到蓝色逐渐减弱。

(3)"编辑几何体"卷展栏。

"编辑几何体"卷展栏下的工具适用于所有子对象级别,主要用来全局修改多边形几何体,如图 7.9 所示。

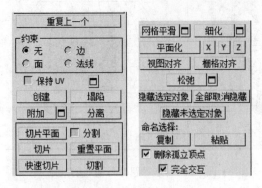

图 7.9 "编辑几何体"卷展栏

重复上一个：重复使用上一次使用的命令。

约束：使用当前选中子对象的变换约束在指定的某个子对象上,共"无""边""面"和"法线"4 种方式。默认为"无",表示子对象可以在三维空间不受任何限制地进行自由变换；"边"表示沿着边的方向进行变换；"面"表示在它所属的面上进行变换。

保持 UV：勾选后保持 UV 贴图不变。不勾选,当我们在变动子对象时,附在它上面的贴图也会跟着移动；勾选,当我们移动子对象时贴图就不会跟着移动,而是留在原位,保持了贴图正确的效果。

创建：可以创建点、边、面子对象,不过并非任意创建。进入"点"级别,可以创建点,不过这时创建出的点是孤立的,与当前多边形没有直接的联系；进入"边"级别,可以创建边,但这时创建的边只能分解已存在的面,即只能在现有的面上连接不相邻的两点来创建边；进入"多边形"级别,可以将孤立的点连接成面,也可以在漏洞上进行面的创建,注意要逆时针拾取点,这样创建出的面的方向才是正确的,否则面是反向的。

塌陷：只能应用在顶点、边、边界、多边形级别,将选择的多个子对象塌陷为一个子对象,塌陷的位置是原选择集的中心。即通过将选择的顶点与选择中心的顶点焊接。

"塌陷"工具类似于"焊接"工具,但该工具不需要设置"阈值"数值就可以直接塌陷在一起。

附加：该命令可以将其他的对象合并到当前的多边形中,成为多边形中的一个元素。单击该按钮,然后在视图中单击要合并进来的对象,通过旁边的"附加列表"按钮,可以合并多个对象。

分离：将选择部分从当前多边形中分离出去。分离有两种方式,既可以分离为当前多边形的一个元素,也可以分离为一个单独的对象,与当前多边形完全脱离关系,允许被重新命名。在视图中选择子对象,单击该按钮。

"切片平面"：对多边形进行整体切分,单击该按钮会出现一个切分平面,这个平面是无限延伸的,它与多边形相交的部分会出现切分出的边,可以对切分平面进行移动和旋转,当切分平面被激活后下方的切片和重置平面按钮变为可用,单击切片按钮可完成切分操作,单击重置平面按钮可以将切分平面重置为原始状态。如果在单击切片按钮前选中"分割"复选框,可以将多边形分割开,即整体的多边形对象可以分割为两个元素子对象。

快速切片 快速切片 :只对选择的面进行切分。先选中要切分的面,然后在面上单击鼠标拖动出一条直虚线,它与选中面相交的部分切分出新的边。

切割 切割 :直接对面进行切分,面会自动被划分开,单击该按钮,然后将鼠标放在点、线、面上就可以连续切分了,鼠标放在点线面上的状态是有区别的。

网格平滑 网格平滑 :对多边形的子对象进行细分,类似于"网格平滑"修改器,可以控制光滑的程度和分离的方式。

细化 细化 :对多边形的子对象进行细分,可以增加多边形的局部网格密度,根据边细分或根据面细分。

平面化 平面化 :将选择的子对象变换到同一个平面上,X、Y、Z 三个按钮分别把选择的子对象变换到垂直于 X、Y、Z 轴向的平面上;

视图对齐 视图对齐 :将被选子对象对齐到当前视口平面上;

栅格对齐 栅格对齐 :将被选子对象对齐到当前激活的网格上;

松弛 松弛 :使被选的子对象的相互位置更加均匀,产生松弛现象;

隐藏选定对象 隐藏选定对象 :隐藏被选择的子对象;

全部取消隐藏 全部取消隐藏 :将隐藏的子对象全部显示出来;

隐藏未选定对象 隐藏未选定对象 :隐藏未被选择的子对象;

复制、粘贴 复制 粘贴 :在不同的对象之间复制或粘贴子对象的命名选择集;

删除孤立顶点:删除孤立的点;

完全交互:使命令的执行与视图中的变化是完全交互的,启用该选项后,如果更改数值,将直接在视图中显示最终的结果。

(4)"细分曲面"卷展栏。

细分曲面可以将当前的多边形网格进行网格平滑式的光滑处理,相当于在修改堆栈中加了一个"网格平滑"修改器,但两者还有一些区别,NURMS 没有光滑后的控制点,而且它只能应用于整个网格对象。

平滑结果:对所有的多边形网格应用同一光滑组。

使用 NURMS 细分:勾选后开启曲面细分功能。

等值线显示:控制多边形网格上的轮廓线显示,轮廓线的显示比起以前细密的网格显示状态更加直观清晰,默认为勾选。(按【F4】键查看)

显示区域:控制视图中多边形细分和光滑状态的显示。

渲染区域:控制渲染时的多边形细分和光滑状态的显示。

分隔方式:"平滑组"表示会在不共享光滑组的边界两端分别细分,这样会形成一条非常明显的边界;"材质"表示会在不共享同一材质 ID 的面上分别细分,结果也是形成明显的边界。

更新选项:选择何时将视图中的多边形更新为细分状态。"始终"表示随时更新;"渲染时"表示只有在渲染时才对视图进行更新;"手动"更新时需要单击"更新"按钮。

(5)"编辑顶点"卷展栏。

进入可编辑多边形的"顶点"级别以后,在"修改"面板中会增加一个"编辑顶点"卷展栏,如图 7.10 所示。

图 7.10 "编辑顶点"卷展栏

移除 移除：选择顶点，单击该按钮，可以将其移除。

在多边形编辑过程中有两种删除状态：一种是当删除一些点的时候，包含这些点的面都会因失去基础而消失，这样就产生了洞；删除顶点时，按【Delete】或按【Backspace】键，包含这些点的面不会消失，此处便不会出现漏洞。移除顶点可能导致网格形状发生严重变形。以上两种情况分别如图 7.11 和图 7.12 所示。

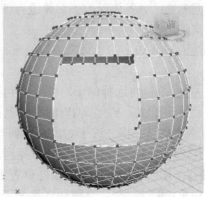

图 7.11　移除顶点 1

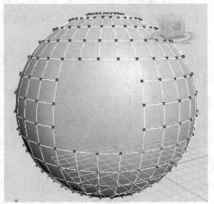

图 7.12　删除顶点 2

断开 断开：选中要打断的点并单击该按钮。将选中的点分解，即打断前此点连着几条边在打断后将分解为相应数目的点。

挤出 挤出：无论是挤出一个点或是多个点，对于单个点的效果都是一样的。单击该按钮，直接在视图上单击并拖曳点，左右移动鼠标，此点会分解出与其所连接的边数目相同的点，再上下移动鼠标会挤出一个锥体的形状。如果要精确设置挤出的高度和宽度，可以单击后面"设置"按钮，然后在视图中的"挤出顶点"对话框中输入数值即可，如图 7.13（a）所示。

焊接 焊接：在设置的阈值范围内将选中的点焊接为一个点，单击后面的"设置"按钮可以设置"焊接阈值"。

切角 切角：选中顶点后，使用该工具在视图中拖曳，可以手动为顶点切角。单击后面的"设置"按钮，在弹出的"切角"对话框中可以设置精确的"顶点切角量"数值，同时还可以将切角后的面"打开"，以生产孔洞效果，如图 7.13（b）所示。

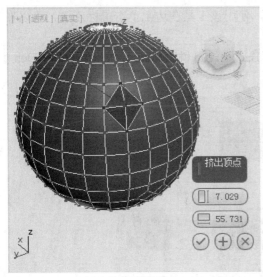

(a) 挤出顶点效果　　　　　　　　　　(b) "切角"后的效果

图 7.13　挤出顶点效果和"切角"后效果

目标焊接 目标焊接 ：将选中的点拖动到要焊接的点附近（在设定的阈值范围内，即焊接命令中设置的阈值范围）完成焊接。"目标焊接"工具只能焊接成对的连续顶点。也就是说，选择的顶点和目标顶点有一个边相连，如图 7.14 所示。

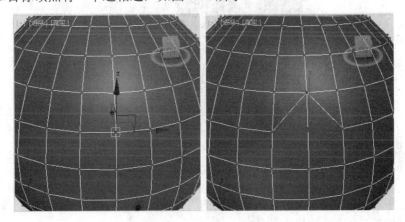

图 7.14　目标焊接效果

连接 连接 ：可以在一对选择的点（两点应在同一个面内但不能相邻）之间创建出新的边。

移除孤立顶点 移除孤立顶点 ：可以将不属于任何多边形的独立点删除。

移除未使用的贴图顶点 移除未使用的贴图顶点 ：可将孤立的贴图顶点删除。

（6）"编辑边"卷展栏。

进入可编辑多边形的"边"级别后，在"修改"面板中会增加一个"编辑边"卷展栏，如图 7.15 所示。

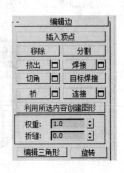

图 7.15　"编辑边"卷展栏

插入顶点 插入顶点 ：在"边"级别下，使用该工具在边上单击鼠标左键，可以在边上添加顶点。

移除 移除 ：选择边后，单击该按钮或者按【Backspace】键可以移除边，如果按【Delete】键，将删除边以及与边链接的面，如图7.16所示。

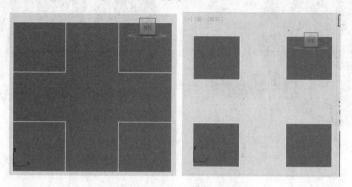

图7.16　左边按【Backspace】移除边，右边按【Delete】删除边

分割 分割 ：沿着选定边分割网格。对网格中心的单条边应用时，不会起任何作用。

挤出 挤出 ：手动挤出边。如果要精确设置挤出的高度和宽度，可以单击后面的"设置"按钮，然后在视图中的"挤出边"对话框中输入数值即可，如图7.17所示。

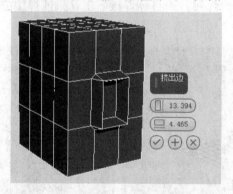

图7.17　"挤出"效果和参数设置

焊接 焊接 ：组合"焊接边"对话框指定的"焊接阈值"范围内的选定边。只能焊接仅附着一个多边形的边，也就是边界上的边。

切角 切角 ：为选定边进行切角（圆角）处理，从而生成平滑的棱角，如图7.18所示。

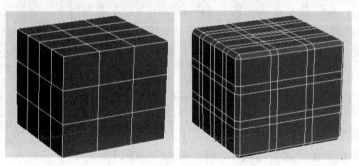

图7.18　"切角"前后效果对比

一般进行切角处理后,都需要再添加"网格平滑"修改器,以生成平滑的模型,如图 7.19 所示。

图 7.19 "网格平滑"后的效果

目标焊接 目标焊接 :用于选择边并将其焊接到目标边。只能焊接边界上的边。

桥 桥 :链接对象的边,但只能链接边界边。

连接 连接 :在每对选定边之间创建新边,对于创建或者细化边"循环"特别有用。如果选择一对竖向的边,则可以在横向上生成边,如图 7.20 所示。

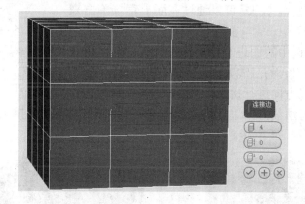

图 7.20 执行"连接"命令后的效果

利用所选内容创建图像 利用所选内容创建图形 :将选定的边创建为样条线图像。选择边后,单击该按钮可以弹出一个"创建图形"对话框,在该对话框中可以设置图形名称和图形的类型,如果选择"平滑"类型,则生产平滑的样条线,如图 7.21 所示;如果选择"线性"类型,则样条线的形状与选定边的形状保持一致,如图 7.22 所示。

图 7.21 选择"平滑"类型执行"创建图形"的效果

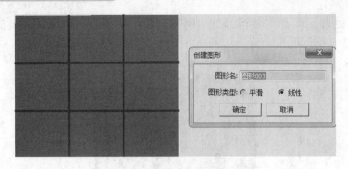

图 7.22　选择"线性"类型执行"创建图形"的效果

编辑三角形 编辑三角形 ：用于修改绘制内边或者对角线时多边形细分为三角形的方式。

旋转 旋转 ：通过单击对角线修改多边形细分为三角形的方式。使用该工具时，三角形可以在线框和边面视图中显示为虚线。

（7）"编辑多边形"卷展栏。

进入可编辑多边形的"多边形"级别后，在修改面板中会增加一个"编辑多边形"卷展栏，如图 7.23 所示。这个卷展栏下的工具全部是用来编辑多边形的。

插入顶点 插入顶点 ：可以通过在面上直接单击来插入点，以细化多边形。

挤出 挤出 ：对选中的面进行挤出操作。有三种挤出类型："组"以选择的面组合的法线方向进行挤出；"局部法线"以选择的面的自身法线方向进行挤出；"按多边形"对选择的面单独将每个面沿自身法线方向进行挤出。"高度"为正值时可向外挤出多边形，为负值时可向内挤出多边形，如图 7.24 所示。

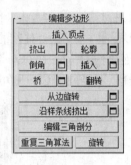

图 7.23　"编辑多边形"卷展栏

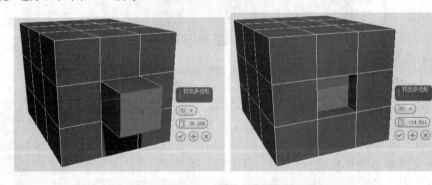

图 7.24　"高度"为正负值的"挤出"效果

轮廓 轮廓 ：使被选面沿着自身的平面坐标进行放大和缩小。

倒角 倒角 ：通过调整"轮廓量"可以得到倒角效果，如图 7.25 所示。

插入 插入 ：在选择的面中执行没有高度的倒角操作。有两种插入类型：一种是根据选择的组坐标进行插入；另一种是根据单个面自身的坐标进行插入，如图 7.26 所示。

桥 桥 ：连接对象上的两个多边形或者多边形组。

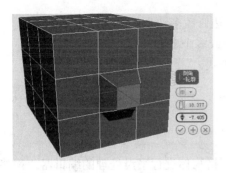 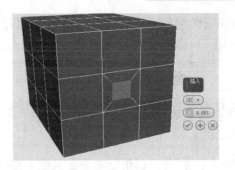

图 7.25 执行"倒角"命令后的效果　　　　图 7.26 执行"插入"命令后的效果

翻转 翻转 ：反转面的朝向，也就是反转多边形的法线方向。因为 3ds Max 在默认状态下，面是单向可见的，这样可以避免系统资源的浪费。所以在很多时候用它来纠正面的朝向是十分必要的。

从边旋转 从边旋转 ：选择面，单击旁边的"设置"按钮，单击"拾取旋转边"按钮，在多边形上单击选择相应的边，设置角度值，所选面就会以选择的边为中心进行旋转拉伸，设置段数，可以使拉伸出来的部分呈圆弧状，如图 7.27 所示。

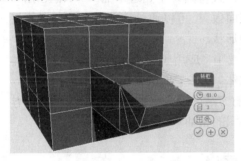

图 7.27 执行"从边旋转"后的效果

沿样条线挤出 沿样条线挤出 ：先创建一条曲线，选择要挤出的面，单击旁边的"设置"按钮，单击"拾取样条线"按钮，在视图中单击刚创建的曲线，这时面已经依据曲线的形状进行了拉伸。"分段"是拉伸面的段数值；"锥化量"可以使拉伸的面呈锥形；"锥化曲线"使曲线呈锥形，不过拉伸部分的两端的面不会改变；"扭曲"将拉伸的面进行旋转扭曲。默认状态下拉伸出的面的方向是与曲线的方向平行的，这样有可能会与原始面成一定角度，如果勾选"对齐到面法线"，那么就会沿着面法线的方向进行挤出了，如图 7.28 所示。

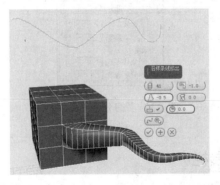

图 7.28 执行"沿样条线挤出"后的效果

编辑三角剖分 编辑三角剖分 ：通过绘制内边修改多边形细分为三角形的方式。
重复三角算法 重复三角算法 ：为当前选定的一个或多个多边形执行最佳三角剖分。
旋转 旋转 ：修改多边形细分为三角形的方式。

7.2 "网格平滑"修改器

"网格平滑"是专门用于对表面尖锐不规则的网格物体进行平滑处理的编辑器。"网格平滑"的编辑原理是通过对网格物体的表面进行细分操作，增加网格物体表面的多边形面，使其达到表面平滑的效果。

7.2.1 "细分方法"卷展栏

在网格平滑修改面板中，"细分方法"卷展栏如图 7.29 所示，用于设置表面细分的方式。单击细分方法下的选项按钮，可以弹出细分的 3 种方式，"经典"方式将产生标准的三角面或四边形面；"四边形输出"方式将只产生四边形面；"NURMS"方式可以产生非常平滑的表面效果，可以通过调节每个控制点的权重值等，灵活地调整表面的形状。

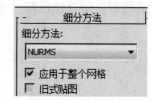

在细分方法卷展栏中，选中"应用于整个网格"复选框后，细分的效果作用于整个网格物体；选中"旧式贴图"复选框后，则应用 3ds Max 3.0 中计算贴图的方法处理光滑后的贴图坐标，这种方法往往在细分表面后产生贴图的扭曲。

图 7.29 "细分方法"卷展栏

7.2.2 "平滑程度"卷展栏

在"细分量"卷展栏中进行设置，可以调节网格物体的平滑程度。"迭代次数"用于设置细分的计算次数，设置数值越高，表面越平滑。但要注意，盲目增加该值，会造成计算机运算量大大增加，还可能会造成系统瘫痪。

"平滑度"用于设置折角表面的光滑程度。该值的取值范围为 0~1，值越大，被光滑的折角范围越大。"渲染值"选项组中的"迭代次数"和"平滑度"用于确定渲染时的相应数值，如图 7.30 所示。

图 7.30 "细分量"卷展栏

7.2.3 "局部控制"卷展栏

"局部控制"卷展栏，如图 7.31 所示。可选择控制网格的顶点和边进行网格平滑的局部控制操作,还可以在"软选择"卷展栏中进行软选择设置,调整局部控制操作的影响范围。

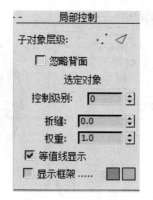

图 7.31 "局部控制"卷展栏

7.2.4 "参数"卷展栏

"参数"卷展栏如图 7.32 所示,在其中可以设置"平滑参数"和"曲面参数"。当细分方式为曲形或方形输出时,平滑参数才可用。"强度"值用于设置细分时加入面的尺寸范围,"松弛"用于对光滑的顶点指定松弛影响,值越大,表面收缩越紧密。"曲面参数"栏用于为物体指定光滑组,并通过设置表面属性来限制网格光滑的效果。选中"平滑结果"复选框,则对所有平滑后的表面指定同样的光滑群组;在"分隔方式"后面选中"材质"复选框,则防止在具有不同材质 ID 号的边处建立新面,选中"平滑组"复选框,则防止在具有不同光滑群组的边处建立新面。

图 7.32 "参数"卷展栏

7.3 多边形制作三维模型

7.3.1 案例 I ——制作"足球"模型

步骤 1:单击菜单"▶→⤴(重置)",初始化场景。

步骤 2:选择"✦创建→扩展基本体→异面体"命令,在顶视口中创建一个异面体,在"系列"选项组下面点选"十二面体/二十面体",将"系列参数"选项中的 P 设置为 0.35,"半径"设置为100,如图 7.33 所示。

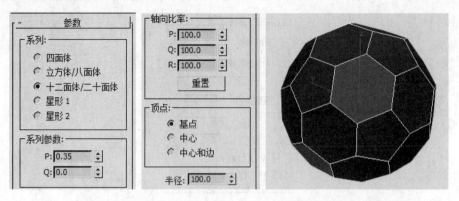

图 7.33 创建异面体的参数设置和效果

步骤3:选择异面体,右击,将异面体"转换为可编辑多边形"。在修改面板中,展开"选择"卷展栏,单击"多边形"■按钮,进入到"多边形"级别,如图 7.34 所示;选择一个多边形,接着在"编辑几何体"卷展栏下单击"分离"按钮,在弹出的"分离"对话框中勾选"分离到元素"选项,如图 7.35 所示。逐个选择其他多边形执行相同操作,直到异面体上所有多边形都"分离"。

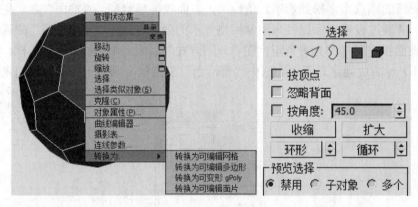

图 7.34 进入"多边形"级别

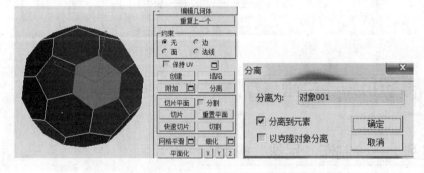

图 7.35 "分离"异面体上的多边形效果和参数设置

步骤4:单击" (修改)→修改器列表",选择"网格平滑"修改器,在"细分量"卷展栏下设置"迭代次数"为2,如图 7.36 所示。此时没有发现什么平滑效果,但模型增加了面数,可方便后面的操作。

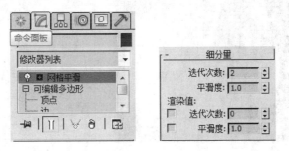

图 7.36 添加和设置"网格平滑"修改器

步骤5:单击" （修改）→修改器列表",选择"球形化"修改器,如图7.37所示。

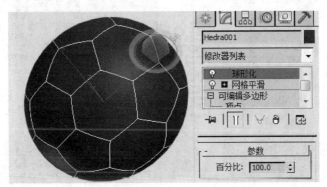

图 7.37 添加"球形化"修改器

步骤6:再次将模型转换为可编辑多边形,进入到"多边形"级别,然后选择所有的多边形;展开"编辑多边形"卷展栏,单击"挤出"按钮后面的"设置"按钮,设置挤出"高度"为2,如图7.38所示。

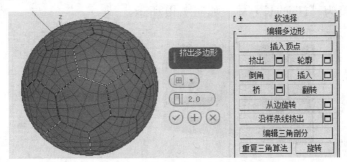

图 7.38 选择所有多边形并挤出的效果及参数设置

步骤7:单击" （修改）→修改器列表",选择"网格平滑"修改器,展开"细分方法"卷展栏,选择细分方法为"四边形输出";在"细分量"卷展栏下设置"迭代次数"为"1",如图7.39所示。

图7.39 设置"网格平滑"参数及最终效果图

7.3.2 案例Ⅱ——制作"显示器"模型

步骤1：单击" 文件→ 重置"，初始化场景。

步骤2：单击" （创建）→标准基本体→长方体"，在前视口中创建一个长度为"9"、宽度为"16"、高度为"1"的长方体，如图7.40所示。

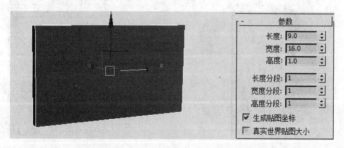

图7.40 在前视口创建长方体的效果和参数设置

步骤3：选择长方体，右击，选择"转换为→转换为可编辑多边形"，进入"多边形"子级别，选择前面的多边形，然后单击"编辑多边形"卷展栏中"插入"右边的"设置"按钮 ，在弹出的"插入"面板中，设置"数量"为"0.8"，如图7.41所示。接着单击"编辑多边形"卷展栏中"倒角"右边的设置按钮 ，在弹出的"倒角"面板中，设置"高度"为"-0.2"，"轮廓"为"-0.1"，如图7.42所示。

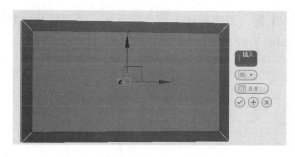

图 7.41　设置"插入"参数　　　　　图 7.42　设置"倒角"参数

步骤 4：切换到前视口，进入"编辑多边形"的"顶点"子级别，选择最下面的 2 个顶点，往下移动，如图 7.43 所示。

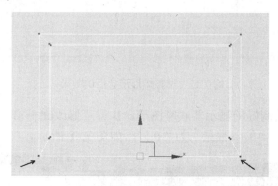

图 7.43　移动最下面的 2 个顶点

步骤 5：切换到"编辑多边形"的"多边形"子级别，选择电视机背面的多边形，单击"编辑多边形"卷展栏中"插入"右边的设置按钮，在弹出的"插入"面板中，设置插入"数量"为"1.5"，如图 7.44 所示；接着单击"编辑多边形"中的"倒角"右边的设置按钮，设置"高度"为"0.7"，"轮廓"为"-0.5"，为如图 7.45 所示。

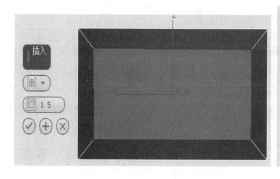
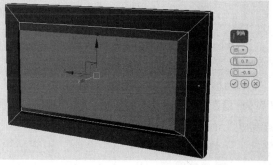

图 7.44　设置背面"插入"参数　　　　　图 7.45　设置背面"倒角"参数

步骤 6：绘制显示器底座图形。执行"创建 → 图形 → 矩形 矩形 "命令，在顶视口拖拽鼠标创建矩形，并移动位置，在矩形的"参数"卷展栏中，设置长度为"2.3"，宽度为"6.5"，如图 7.46 所示。接着将矩形塌陷为可编辑样条线，单击鼠标右键，执行"转换为→转换为可编辑样条线"命令，进入到"可编辑样条线"的"顶点"子级别，选择下面的 2 个顶点，单击"几何体"卷展栏中"圆角"按钮，拖拽鼠标设置圆角；然后单击"优化"按钮，在上面的线段中点位置单击，插入一个顶点，按【W】键，调整新插入顶点的位置，并调整其控制手柄，再适当调整左右两侧顶点的控制手柄，如图7.47所示。

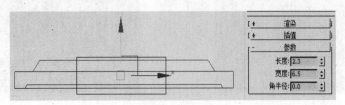

图7.46　创建矩形的效果及参数设置

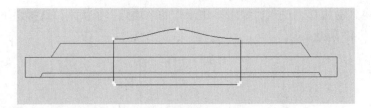

图7.47　调整矩形形状后的效果

步骤7：选择前面绘制好的显示器底座图形，执行"修改→修改器列表→挤出"命令，设置挤出"参数"卷展栏中的"数量"为"0.5"，如图7.48所示。

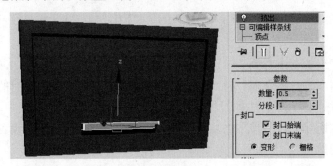

图7.48　"挤出"底座模型的效果和参数设置

步骤8：在透视图选择底座模型，按【F4】键，显示分段，右击，执行"转换为→转换为可编辑多边形"命令，进入到"可编辑多边形"中的"边"子级别，选择左右2条边，然后单击"编辑边"卷展栏中"连接"右边的"设置"按钮，在弹出的"连接边"面板中设置"数量"为"2"，收缩为"6"，如图7.49所示。再一次单击"连接"右边的"设置"按钮，在弹出的"连接边"面板中设置数量为"2"，收缩为"10"，如图7.50所示。选择中间的平面，执行"（修改）→修改器列表→挤出"命令，设置挤出"参数"卷展栏中的"数量"为"3"，制作出支架，如图7.51所示。

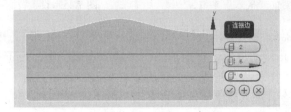

图7.49　"连接边"参数设置1

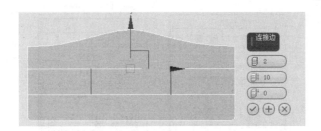

图 7.50 "连接边"参数设置 2

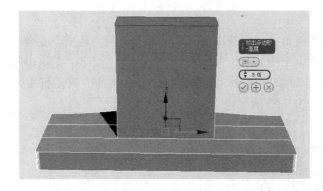

图 7.51 "挤出多边形"参数设置和挤出支架的效果

步骤 9：选择支架模型，单击鼠标右键，执行"转换为→转换为可编辑多边形"命令，进入到"可编辑多边形"中的"边"子级别，选择周围 4 条边，单击"编辑边"中"切角"右边的设置按钮□，设置"边切角量"为"0.05"，"连接边分段"为"2"，如图 7.52 所示。可以对其他直角边做类似的处理。

步骤 10：移动显示器位置并和支架衔接在一起，然后单击主工具栏中的旋转◯工具，沿着 X 轴旋转，如图 7.53。

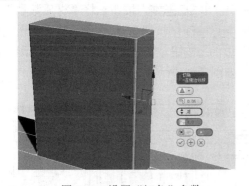

图 7.52 设置"切角"参数

图 7.53 最终模型效果

步骤 11：选择显示器，单击鼠标右键，执行"转换为→转换为可编辑多边形"命令，进入到"可编辑多边形"中的"边"子级别。选择作为显示器屏幕的"多边形"，在"多边形：材质 ID"卷展栏中，设置材质 ID 号为"1"，选择"编辑"菜单中的"反选"命令，选择其他多边形，在"多边形:材质 ID"卷展栏中，设置其材质 ID 号为"2"。如图 7.54 所示。

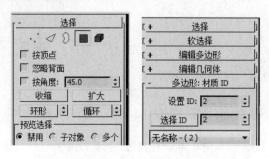

图 7.54 设置显示器材质 ID

步骤 12：按【M】键打开"材质编辑器"对话框，在"模式"菜单中选择"精简材质编辑器"模式。选择左上角第 1 个材质，接着单击 Standard 按钮，在弹出的"材质/贴图浏览器"窗口中，选择"多维/子对象"材质，在弹出的"替换材质"对话框中，选择"将旧材质保存为子材质"单选框，如图 7.55 所示。

图 7.55 设置"多维/子对象"材质球类型

步骤 13：在"多维/子对象基本参数"卷展栏中，单击 设置数量 按钮，将"材质数量"设置为"2"，单击 ID 号为 1 的"子材质"右侧的 01-Default (Standard) 按钮进入 1 号子材质编辑面板，单击其"Blinn 基本参数"卷展栏中"漫反射"右边的 按钮，在打开的"材质/贴图浏览器"窗口双击选择"位图"，选定图片"屏幕.jpg"，如图 7.56 所示。

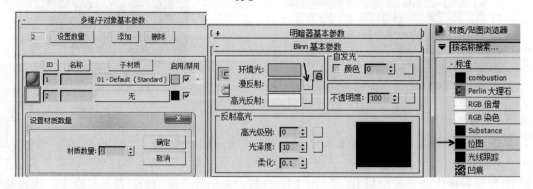

图 7.56 "多维/子对象"子材质 1 设置

步骤 14：连续单击两次 （转到父对象）按钮，返回到"多维/子对象基本参数"卷展栏。单击 ID 为"2"的子材质右侧的 无 按钮进入 2 号子材质编辑面板。在打开的"材质/贴图浏览器"窗口中双击选择"标准",多维子材质设置完毕,如图 7.57 所示。

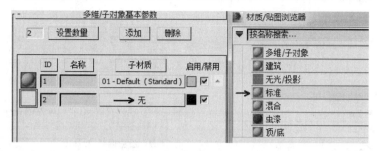

图 7.57 "多维/子对象"子材质 2 设置

步骤 15:将刚才设置好"多维/子对象"材质的材质球拖拽到显示器上,赋予显示器,然后拖拽其他默认的材质给底座和支架,最后效果图如 7.58 所示。

图 7.58 显示器最后效果图

7.3.3 拓展练习——制作"油壶"模型

步骤 1:执行" → 重置 "命令,初始化场景。单击"自定义"菜单"单位设置",在弹出的单位设置对话框中,设置"公制"为毫米,单击"系统单位设置"按钮,在弹出的"系统单位设置"对话框中设置"系统单位比例"为"1 单位=1 毫米",然后单击两次确定,如图 7.59 所示。

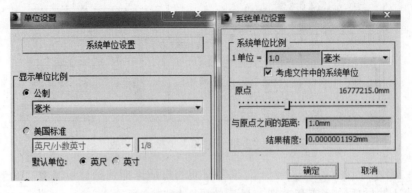

图 7.59 "单位设置"和系统单位设置对话框

步骤 2:执行"❖(创建)→标准基本体→长方体"命令,在透视图创建长方体,然后在"参数"卷展栏中设置"长度"为"70mm","宽度"为"140mm","高度"为"70mm","长度分段"为"3","宽度分段"为"6","高度分段"为"3";调整至如图 7.60 所示位置。

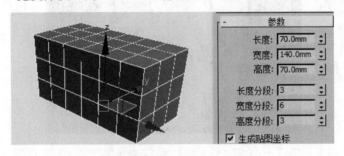

图 7.60 创建长方体的效果和参数设置

步骤 3:选择长方体,在石墨工具集的"建模"选项卡中,分别单击"多边形建模"面板中的"转化为多边形",接着单击"多边形"按钮□,进入到"多边形"级别,如图 7.61 所示。

图 7.61 "多边形建模"面板

步骤 4：选择如图 7.62 所示的 9 个多边形，并在"多边形"面板中，单击"倒角"按钮下面的 倒角设置，在弹出的倒角面板中，将"高度"设置为"35mm"，"轮廓"设置为"-5mm"。接着在"多边形"面板中单击 挤出设置，在弹出的"挤出多边形"面板中，设置"高度"为"10mm"，单击"确定"按钮，如图 7.63 所示；接着单击"挤出多边形"面板中的"应用并继续"按钮，将"高度"设置为"23mm"，单击"确定"按钮，如图 7.64 所示。

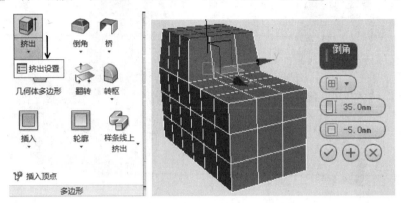

图 7.62　执行"倒角"命令的效果及参数设置

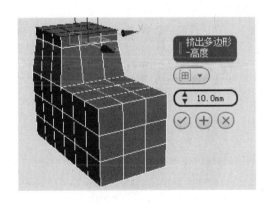

图 7.63　执行"挤出"命令的效果及参数设置

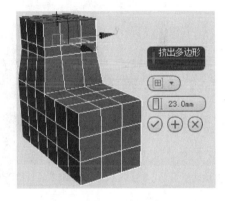

图 7.64　再次执行"挤出"命令的效果及参数设置

步骤 5：再次单击"倒角"按钮下面的 倒角设置，在弹出的倒角面板中，将"高度"设置为"35mm"，"轮廓"设置为"-10mm"，如图 7.65 所示。

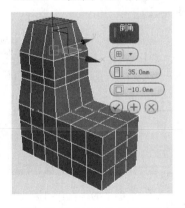

图 7.65　再次执行"倒角"的效果及参数设置

步骤 6：单击"多边形建模"面板中的边按钮◁，进入"边"级别，将最上面一层倒角出来的 5 多边形里面的线段删除（按【Backspace】，不是【Delete】键），如图 7.66 所示；单击"多边形建模"面板中的"点"按钮，进入"点"级别，将因删除线段留下的顶点删除，如图 7.67。

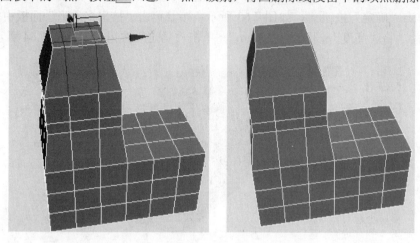

图 7.66　删除线段前后效果对比

 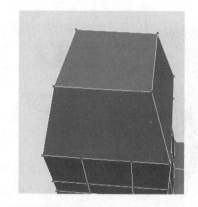

图 7.67　删除顶点前后效果对比

步骤 7：单击"多边形建模"面板中的多边形按钮□，进入到"多边形"级别，单击"多边形"面板中"插入"下面的 插入设置，如图 7.68；在弹出的"插入"面板中，将插入的"数量"设置为"5mm"，如图 7.69 所示。

 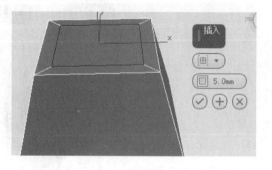

图 7.68　多边形面板　　　　图 7.69　执行"插入"命令的效果和参数设置

步骤8：在"多边形"面板中，单击"多边形"面板中"挤出"按钮下面的按钮，在弹出的"挤出多边形"面板中，设置"高度"为"28mm"，单击"确定"按钮，如图 7.70 所示。

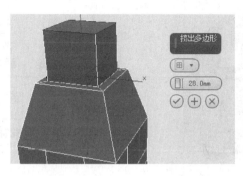

图 7.70 执行"挤出"命令的

步骤 9：用类似前面的操作再执行插入和挤出，插入设置数量为"4mm"，挤出设置高度为"-25mm"，如图 7.71 所示。

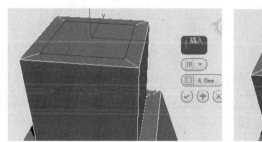 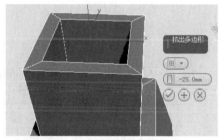

图 7.71 执行"插入"和"挤出"命令的效果和参数设置

步骤10：制作把手。选择如图 7.72 所示的多边形，向右连续 2 次挤出，挤出"高度"都设置为"18mm"。选择如图 7.73 所示的多边形，向上连续 2 次挤出，挤出"高度"都设置为"20mm"。接着单击"多边形"面板中的"桥"按钮，单击当前选择的多边形，这时出现虚线，移动鼠标到另一多边形并单击，如图 7.74 所示。

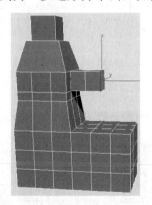 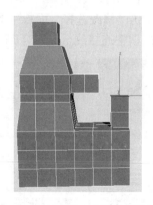

图 7.72 向右连续 2 次挤出后的效果　　图 7.73 向上连续 2 次挤出后的效果

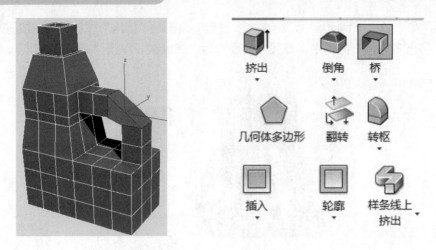

图 7.74 执行"桥"操作后的效果

步骤 11：单击"多边形建模"面板中的"点"按钮，在前视口中调整顶点，如图 7.75 所示。

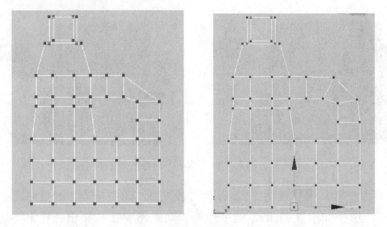

图 7.75 调整顶点前后效果对比

步骤 12：增加分段数，单击"多边形建模"面板中的"边"按钮，选择油壶底部的一条线段，然后单击"修改选择"面板中的按钮，再单击"循环"面板中的"连接"按钮，产生连接线，再调整连接线至如图 7.76 所示位置。

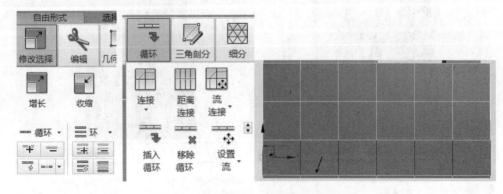

图 7.76 调整连接线位置及调整后的效果

步骤13：通过类似操作，在壶嘴产生2条连接线，并调整位置，如图7.77所示。

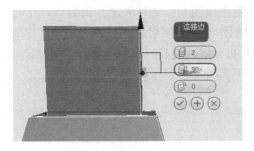

图7.77 在壶嘴处产生连接线后的效果及参数设置

步骤14：选择油壶模型，执行"修改按钮 →修改器列表→涡轮平滑"命令，将"涡轮平滑"卷展栏中的"迭代次数"设置为3，如图7.78所示。"油壶"模型最后效果图如7.79所示。

图7.78 "涡轮平滑"卷展栏　　　　图7.79 "油壶"模型最后效果图

本章小结

本章主要介绍了3ds Max中编辑多边形与编辑网格的使用方法以及石墨建模工具常见工具的用法。网格编辑和多边形编辑建模功能强大，是3ds Max中应用非常普遍的建模方式。这两种方式编辑功能相似，可以从任何一个简单的模型开始，通过将其转换为可编辑网格物体（可编辑多边形物体），或者对齐添加编辑网格（编辑多边形）从而进入它们的子对象级编辑状态如点、边、面、元素等级别，利用普通的变换命令如移动、旋转、缩放等对构成其物体的基本元素进行修改，或利用修改面板中的相应命令对不同的子对象进行编辑，达到创建新模型的目的。利用网格平滑可以对编辑生成的物体进行表面光滑处理，并可以进一步对其进行形状的修改。通过足球、显示器模型制作两个案例讲述了编辑多边形（编辑网格）的使用方法与技巧。对石墨建模工具进行了简单的介绍，然后对石墨建模的常见工具与面板进行了比较详细的介绍，并通过油壶模型讲述了石墨建模工具的使用方法。

课后练习

1. 通过多边形的顶点调节、切角工具、网络平滑修改器，制作如图 7.80 所示的苹果。

图 7.80　苹果效果图

2. 利用石墨建模工具中的"挤出"和"切角"工具，制作如图 7.81 所示的床头柜模型。

图 7.81　床头柜效果图

第 8 章 材质与贴图

3ds Max 创建一个模型本身是不具有任何表面特征的，而通过材质与贴图的参数控制能对现实世界中各种材料的视觉效果进行模拟，能为模型赋予颜色、反射、折射、透明度、表面粗糙程度以及纹理等。本章将介绍 3ds Max 2015 的材质编辑器以及常用材质的制作与贴图的应用。

教学目标

- 了解材质与贴图的基本概念
- 掌握材质编辑器的基本使用方法
- 掌握不同类型材质的参数设置
- 掌握材质与贴图的综合应用

教学内容

- 材质编辑器的基本操作
- 常用材质的参数设置
- 材质的基本类型
- 贴图的基本类型

8.1 认识材质

8.1.1 精简材质编辑器

在 3ds Max 2014 工具栏中打开 ，显示精简材质编辑器，如图 8.1 所示。

1. 菜单栏

菜单栏包括"模式""材质""导航""选项""工具"5 个菜单，每个菜单都有与材质编辑相关的不同功能，如图 8.2 所示。

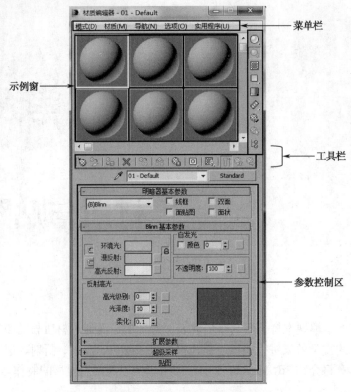

图 8.1 精简材质编辑器

图 8.2 菜单栏

2. 示例窗

示例窗用于预览和保存材质和贴图,当调节参数时,材质球的变化效果可以立即从示例球中反映出来。示例窗中共有 24 个示例球,可自定义示例球的模型,如图 8.3 所示。

3. 工具栏按钮

工具栏按钮围绕在示例窗的右侧和下方,用于材质的显示、指定、保存和层级跳跃等功能,如图 8.4 所示。工具栏中被选中的图标会高亮显示,如果要添加更多的工具,可以右击工具栏上空白位置,根据需要进行选择,每个工具都有其特定的功能。

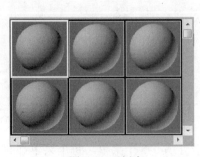

图 8.3 示例窗

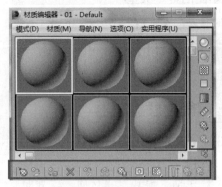

图 8.4 工具栏按钮

4. 明暗器基本参数

明暗器参数主要用于设置明暗器的类型以及对象在场景中的显示方式，不同明暗器的参数略有不同，主要参数设置如图 8.5 所示。

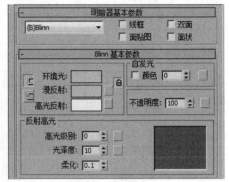

明暗器显示方式：包括线框、面贴图、双面、面状 4 种显示方式。

"明暗器"类型：包含 Blinn、phong、各向异性、金属、多层、Oren-Nayar-Blinn、Strauss、半透明明暗器 8 种类型。

　　环境光：设置对象阴影区的颜色。
　　漫反射：设置对象表面颜色。
　　高光反射：设置对象高光颜色。
　　自发光：设置对象自发光颜色。
　　不透明度：设置对象透明度。
　　高光级别：设置高光强度。
　　光泽度：设置高光范围。
　　柔化：对高光区域的反光进行柔化处理。

图 8.5 "明暗器基本参数"卷展栏

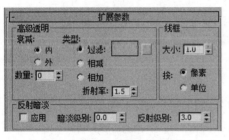

图 8.6 "扩展参数"卷展栏

5. 扩展参数

扩展参数是基本参数的延伸，主要用于设置材质的高级透明、线框和反射暗淡等参数。不同明暗器的扩展参数基本相同，如图 8.6 所示。

"衰减"选项组：设置材质的不透明度由内向外或由外向内的不同衰减方向。

"类型"选项组：设置材质"过滤""相减""相加"三种透明过滤方法。

"线框"选项组：设置材质的线框效果。

"反射暗淡"选项组：设置反射光的暗淡效果。

8.1.2 Slate 材质编辑器

"Slate 材质编辑器"除具有精简材质编辑器的功能外，还可使用材质节点的方式编辑材质和贴图。在"材质编辑器"的模式窗口菜单中，选择"Slate 材质编辑器"模式，打开如图 8.7 所示的"Slate 材质编辑器"对话框。

1. 菜单栏

菜单栏包括"模式""材质""编辑""选择""视图""选项""工具"7 个菜单，其中"选择""视图""选项"三个菜单栏主要用于调节和移动节点，其他功能与精简材质编辑器基本相同。

2. 工具栏

与"精简材质编辑器"中的工具按钮相比，"Slate 材质编辑器"中的工具按钮增加了一些与节点布局相关的工具按钮，具体如图 8.8 所示。

3ds Max 2015中文版基础案例教程

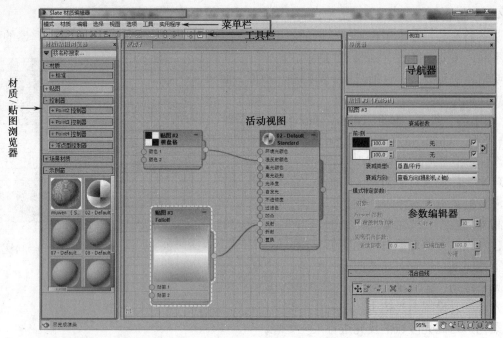

图 8.7 "Slate 材质编辑器"对话框

图 8.8 工具栏

- "选择工具"按钮：激活"选择"工具。
- "删除选定对象"按钮：用于删除活动视图中的节点材质或关联材质。
- "移动子对象"按钮：选定按钮时，移动父节点的同时，子节点跟随移动。
- "隐藏未使用的节点示例窗"按钮：隐藏未被使用的节点。
- "在预览中显示背景"按钮：用于查看单个材质节点的不透明度效果。
- "布局全部"按钮：自动对活动视图中的节点进行布局。
- "布局子对象"按钮：对当前选定的子节点自动布局。
- "参数编辑器"按钮：用于设置界面中是否显示参数编辑器。

8.2 材质的类型

8.2.1 多维/子对象

"多维/子对象"材质是由多个子对象材质组合而成的复合式材质。给定对象"多维/子对象"材质后，进入对象"面"子对象级别，在"曲面属性"参数栏中设置"材质"ID 号，并将相应的子材质给定当前表面。"多维/子对象基本参数"界面非常好管理，子材质 ID 号可通过自行给定值进行管理。"多维/子对象基本参数"卷展栏如下图 8.9 所示：

"数量设置"选项:设置子级材质数目,如果减少数目,会丢失已设置好的材质属性。

"添加"按钮:添加新的子材质。

"删除"按钮:删除当前选择的子材质。

"材质球"按钮:子材质球预览,单击材质球可设置子材质。

"ID"按钮:单击该按钮,所有的子材质将按ID升序排列。

"名称"按钮:单击该按钮,名称栏将按照指定名称排序,"名称"选框可以自定义材质名称。

"子材质"按钮:用于选择不同材质作为子材质,右边颜色选框用于设置材质颜色。

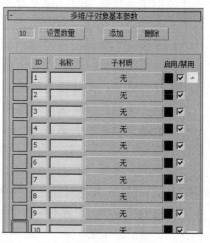

图8.9 "多维/子对象基本参数"卷展栏

8.2.2 光线跟踪

"光线跟踪"材质包含了标准材质的全部属性,并支持雾、颜色浓度、荧光等特殊效果,还能创建真实的反射和折射效果。光线追踪材质根据自然界光学原理设置颜色,只需调节基本参数区域就能产生真实优秀的反射和折射材质,其扩展参数主要为一些特殊效果服务。"光线追踪基本参数"界面如图8.10所示。

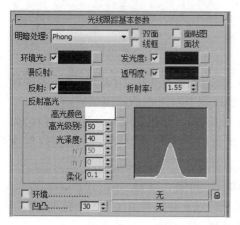

图8.10 "光线跟踪基本参数"卷展栏

1. "光线跟踪基本参数"卷展栏(图8.10)

"明暗处理"选项:提供了Blinn、Phong、金属、Oren-Nayar Blinn、各向异性五种明暗器。

"面贴图"选项:将材质指定给造型的全部面,如果材质含有贴图,在没有指定贴图坐标的情况下,贴图均匀分布在对象的每个表面。

"线框"选项:设置线框特性。

"面状"选项:不对相邻面的组群平滑处理,将对象的每个表面平面化渲染。

"环境光"选项:控制材质吸收环境光的多少,默认为黑色。勾选左侧复选框时,显示环境光的颜色,右侧色块调整环境光的颜色;取消复选框时,环境光为灰度模式。

"漫反射"选项:对象反射的颜色,不包括高光反射。

"反射"选项:高光反射的颜色,选框作用与环境光一样。

"发光度"选项:对象根据自身颜色决定所发光颜色,右侧灰色按钮用于指定贴图,关闭左侧复选框,"发光度"变成"自发光"选项,通过微调按钮调节发光色的灰度值。

"透明度"选项:控制材质经过颜色过滤后所表现的色彩,黑色为完全不透明,白色为完全透明,右侧灰色按钮用于指定贴图,关闭左侧复选框,可以使用微调按钮调节透明色的灰度值。

"折射率"选项:折射光线强度。

"反射高光"选项组：设置对象表面反射区反射的颜色。
"高光颜色"选项：设置高光反射灯光的颜色。
"高光级别"选项：设置高光区域强度，数值越大，高光越强。
"光泽度"选项：设置高光区域大小，数值越大，高光区域越小，光感越锐利。
"柔化"选项：柔化高光效果。
"环境"选项：可单独为对象指定不同的环境贴图。

2. 光线跟踪扩展参数

光线跟踪"扩展参数"卷展栏如图 8.11 所示。

"附加光"选项：通过添加指定颜色或贴图，模型场景对象的反射光线在其他对象上产生的渗光效果。

"半透明"选项：设置对象半透明效果，半透明颜色通过忽略表面法线的校对模拟半透明材质，半透明颜色是一种无方向的漫反射。

"荧光"选项：设置荧光材质效果，让对象在黑暗环境下可以显示色彩和贴图。荧光偏移值用来调节荧光强度。

"线框"选项：设置线框特性。

"颜色"选项：对象反射的颜色，不包括高光反射。

"雾"选项：高光反射的颜色，选框作用与环境光一样。

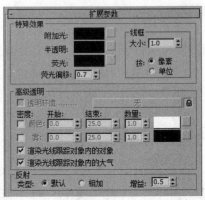

图 8.11 光线跟踪材质"扩展参数"卷展栏

"数量"选项：对象根据自身颜色决定所发光颜色，右侧灰色按钮用于指定贴图，关闭左侧复选框，"发光度"变成"自发光"选项，通过微调按钮调节发光色的灰度值。

反射"默认"选项：控制材质经过颜色过滤后所表现的色彩，黑色为完全不透明，白色为完全透明，右侧灰色按钮用于指定贴图，关闭左侧复选框，可以使用微调按钮调节透明色的灰度值。

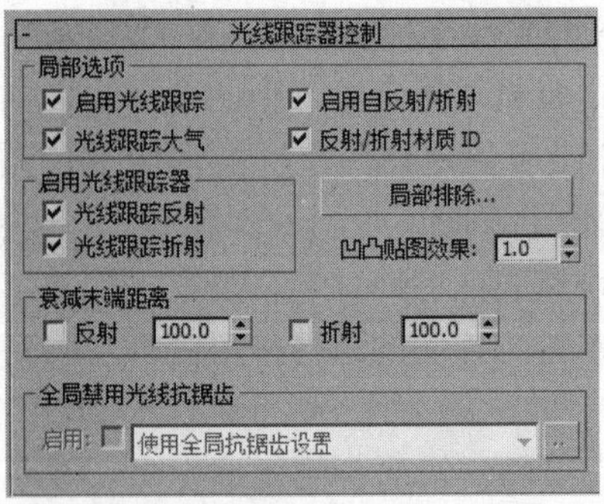

反射"增加"选项：折射光线强度。

反射"增益"选项：设置对象表面反射区反射的颜色。

3. 光线跟踪器控制

"光线跟踪器控制"卷展栏如图 8.12 所示。

"启用光线跟踪"选项：设置高光反射灯光的颜色。

"光线跟踪大气"选项：设置高光区域强度，数值越大，高光越强。

"启用自反射/折射"选项：设置高光区域大小，数值越大，高光区域越小，光感越锐利。

图 8.12 "光线跟踪器控制"卷展栏

"反射/折射材质 ID"选项：柔化高光效果。

"光线跟踪反射"选项：可单独为对象指定不同的环境贴图。

"光线跟踪折射"选项：可单独为对象指定不同的环境贴图。

"局部排除"按钮：设置对象的凹凸贴图。

"凹凸贴图效果"选项：可单独为对象指定不同的环境贴图。

衰减末端距离"反射"选项：设置对象的凹凸贴图。

衰减末端距离"折射"选项：可单独为对象指定不同的环境贴图。

"全局禁用光线抗锯齿"选项：设置对象的凹凸贴图。

8.2.3 壳材质

"壳材质"除包含普通材质外，还专门提供了用于渲染到纹理的烘焙材质。烘焙材质是根据对象在场景中的照明情况，创建烘焙纹理贴图，并用于烘焙到对象上材质。"壳材质参数"卷展栏图 8.13 所示。

图 8.13 "壳材质参数"卷展栏

"原始材质"选项：显示原始材质，单击长条按钮查看材质。

"烘焙材质"选项：显示烘焙材质，单击长条按钮查看材质。

"视口"选项：选择原始或烘焙材质在实体视图中。

"渲染"选项：选择原始或烘焙材质渲染。

8.3 常用贴图类型

8.3.1 2D 贴图

二维贴图指贴附于对象表面或者给环境贴图制作场景背景的二维图像。使用 3ds Max 2015 可将贴图坐标和澡波参数设置到每个贴图参数设置中。常用二维贴图有"位图""渐变""Combustion 贴图""噪波""棋盘格""平铺"等类型，其中最直接使用的是"位图"，其他贴图类型属于程序贴图。

1. 位图

"位图贴图"支持多种图片格式，包括 BMP、GIF、JPEG、PNG、PSD、Targe、TIFF、YUV、RGB、Movie、AVI 等格式。使用动画贴图时，由于渲染时，每一帧都需要重新读取动画文件中的材质、灯光、环境设置等信息，影响渲染速度。

（1）"位图参数"卷展栏如图 8.14 所示。

"位图"选项：右侧空白按钮用于选择位图文件。

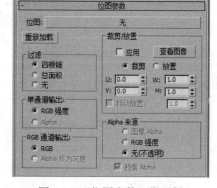

图 8.14 "位图参数"卷展栏

"重新加载"选项：按照相同的路径重新加载位图文件，更新文件修改信息。

"过滤"选项组：选择对位图文件进行抗锯齿的处理方式。一般使用"四棱椎"过滤方式；"总面积"过滤方式更优秀，但占用系统内存多。

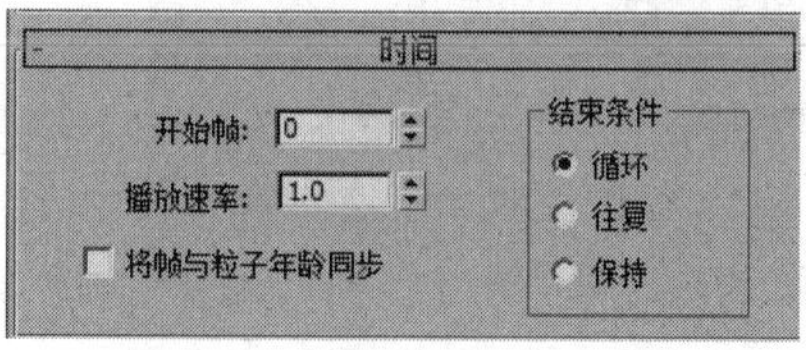

（2）"时间"卷展栏：用于控制动态纹理贴图的开始时间和播放速度。"时间"卷展栏如图 8.15 所示。

"开始帧"选项：表示动画贴图从哪帧开始播放；

图 8.15 位图"时间"卷展栏

"播放速率"选项:表示动画贴图播放的速度;"将帧与粒子年龄同步"选项开启后,软件自动将序列帧与贴图所用的粒子年龄同步。

"循环"选项:结束条件表示动画播放完后从头开始循环播放。

"往复"选项:结束条件表示动画播放完后逆向播放,再正向播放。

"保持"选项:结束条件表示动画播放完后保持最后一帧静止直到动画结束。

2. 平铺贴图

(1) 平铺贴图"标准控制"参数界面如图 8.16 所示。

"平铺"贴图主要用于砖、瓷砖等贴图制作,并提供了建筑砖墙预置图案。

"预设类型"下拉列表:右侧下拉列表中提供了软件预置的砖墙图案。

(2) 平铺贴图"高级控制"卷展栏如图 8.17 所示。

图 8.16 平铺贴图"标准控制"卷展栏

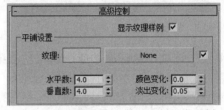
图 8.17 平铺贴图"高级控制"卷展栏

"显示纹理样例"选项:表示更新砖墙或灰泥贴图。

"纹理"选项:设置当前砖块贴图的显示。开启,使用纹理替换色块中的颜色作为砖墙图案;关闭,只显示砖墙颜色。右侧长条按钮用于添加纹理贴图。

"水平数"选项:设置行上平铺数量。

"垂直数"选项:设置列上平铺数量。

"颜色变化"选项:设置砖墙的颜色变化程度。

"淡出变化"选项:设置砖墙的褪色变化程度。

(3) 平铺贴图"砖缝设置"选项组如图 8.18 所示。

"纹理"选项:设置灰泥贴图的显示。开启,使用纹理替换色块中的颜色作为灰泥图案;关闭,只显示灰泥颜色。右侧长条按钮用于添加纹理贴图。

"水平间距"选项:设置砖块间水平方向灰泥大小。

"垂直间距"选项:设置砖块间垂直方向灰泥大小。

"%孔"选项:设置砖墙表面空洞的百分比。

"粗糙度"选项:设置灰泥边缘粗糙程度。

(4) 平铺贴图"杂项"选项组如图 8.19 所示。

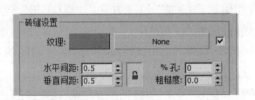
图 8.18 平铺贴图"砖缝设置"选项组

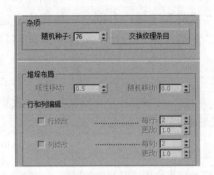
图 8.19 平铺贴图"杂项"选项组

"随机种子"选项:随机将颜色变化图案应用到砖墙上。

3. 渐变贴图

"渐变贴图"是通过控制三种不同颜色或贴图的线性渐变效果和放射性渐变效果,还通过添加噪波函数调节自身和相互区域融合产生的杂乱效果。渐变贴图"渐变参数"界面如图 8.20 所示。

"颜色 1/颜色 2/颜色 3"选项:通过色钮可以设置颜色,通过 Map 按钮可以设置贴图。

"颜色 2 位置"选项:设置中间色的位置,默认为 0.5,三种色平均分配区域。

"渐变类型"选项:分为"线性"和"径向"两种。

"数量"选项:设置噪波的程度。

"大小"选项:设置碎块大小。

"相位"选项:设置噪波的变化速度,可产生动态噪波效果。

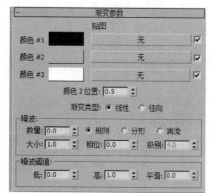

图 8.20 渐变贴图"渐变参数"卷展栏

"级别"选项:设置噪波函数计算的次数。

"噪波阈值"选项:采用三种强度不同的噪波生产方式。

"低"选项:设置低阈值。

"高"选项:设置高阈值。

"光滑"选项:为避免产生锯齿,根据阈值对噪波值进行光滑处理。

8.3.2 3D 贴图

3D 贴图是软件提供的能产生三维空间图案效果的程序贴图。3D 贴图包括细胞、衰减、烟雾等 15 种贴图类型。

图 8.21 细胞贴图"细胞参数"卷展栏

1. 细胞贴图

细胞贴图的"细胞参数"卷展栏如图 8.21 所示。

"细胞贴图"用于产生马赛克、鹅卵石、细胞壁、海洋等贴图效果。

"细胞颜色"选项组:设置细胞自身的颜色,左边为设置颜色的色块,右边为贴图按钮,"变化"指细胞色发生随机变化的指数,数值越高,随机性越大。

"分界颜色"选项组:设置细胞间隙的颜色,第一个色块用来设置细胞厚度的颜色,第二个色块用来设置细胞之间的颜色。

"细胞特性"选项组:设置细胞的形态和大小。形状类型有"圆形""碎片""分形"三种。

"大小"选项:设置整体细胞贴图的比例大小。

"扩散"选项:设置单个细胞大小。

"凹凸光滑"选项:当细胞贴图作为凹凸贴图使用时,如果产生锯齿或毛边,增大值可以进行光滑效果处理。

"迭代次数"选项：设置分形计算的迭代次数，数值越大渲染时间越长。

"自适应"选项：自动调节迭代计算的次数，减少图像产生锯齿和渲染的时间。

"粗糙度"选项：当作为凹凸贴图时，增加物体表面的粗糙度。

"阈值"选项组："低"选项用来设置细胞大小，"中"选项用来设置细胞壁的大小，"高"选项用来设置细胞液的大小。

2．衰减贴图

"衰减贴图"产生明暗衰减的效果，常用于设置"不透明贴图""自发光贴图""过滤色贴图"，产生一种透明衰减效果，强的地方透明，弱的地方不透明。衰减贴图"衰减参数"卷展栏如图 8.22 所示。

"前/侧"选项组：表示垂直/平行类型衰减。"前"对应上面行的控制，"侧"对应下面行的控制。单击色块用于设置颜色，单击右侧长方形按钮用来指定贴图。

"垂直/平行"选项：根据表面法线方向 90°角的改变方式。

"朝向/背离"选项：根据表面法线方向 180°角的改变方式。

图 8.22 衰减贴图"衰减参数"卷展栏

"菲涅尔镜"选项：根据 IOR 折射率设置的值，沿视点的面反射昏暗，形成角的面上反射强烈，从而形成类似玻璃边缘出现的高光效果。

"阴影/灯光"选项：根据光线在物体上的程度调节纹理之间的衰减效果。

"距离混合"选项：根据近距离和远距离的值调节纹理之间的衰减效果。

"衰减方向"选项：设置明度衰减的方向。

"混合曲线"设置：调节混合曲线图，可以更直观地控制各种类型的衰减效果。调节结果通过下方渐变图直接反映出来。衰减贴图"混合曲线"设置界面如图 8.23 所示。

：向任意方向移动选择点。

：在选定点的渐变范围内进行缩放设置。

：在曲线上任意添加贝兹角点。

：在曲线上任意添加贝兹平滑点。

：删除选择点。

：恢复曲线默认状态。

3．烟雾贴图

"烟雾贴图"用于制作变化的云、烟雾等效果，烟雾贴图"烟雾参数"设置界面如图 8.24 所示。

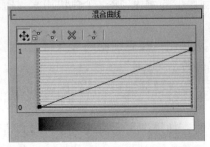

图 8.23 衰减贴图"混合曲线"卷展栏

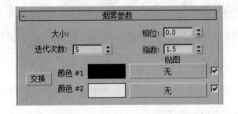

图 8.24 "烟雾参数"卷展栏

"大小"选项:设置烟雾雾团大小。

"迭代次数"选项:设置分形运算的迭代次数,值越大,雾越精细。

"相位"选项:通过相位的改变制作动态云雾效果。

"指数"选项:设置颜色2表现的强度,值越小,颜色2越不透明,雾越清晰。

"颜色1/颜色2"选项:设置两种颜色的颜色或贴图,颜色1设置底色,颜色2设置雾的颜色。

"交换"选项:交换颜色1和颜色2设置。

另外,Perlin大理石贴图和斑点贴图的参数设置分别如图8.25和图8.26所示。

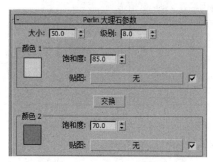

图 8.25 "Perlin 大理石参数"卷展栏

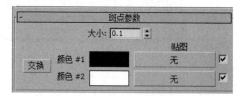

图 8.26 斑点贴图"斑点参数"卷展栏

8.4 材质与贴图的应用

8.4.1 案例1——制作"不锈钢"材质

步骤1:启动3ds Max 2015,单击"快速访问工具栏"上的"打开文件"按钮,或者按【Ctrl+O】组合键,在弹出的"打开文件"对话框中选择素材中的"案例文件/第8章/不锈钢材质.max"文件,接着单击"打开"按钮,"摄像机视图"效果如图8.27所示。

步骤2:单击工具栏中"材质编辑器"按钮,选择第一个样本球,命名为"不锈钢"。设置明暗器的类型为"金属","环境光"颜色设置为"黑色","漫反射"颜色设置为"白色",并设置"高光级别"为"100","光泽度"为"80","颜色"值为"15",具体参数设置如图8.28所示。

图 8.27 "摄像机视图"效果

图 8.28 "明暗器基本参数"卷展栏和"金属基本参数"卷展栏

步骤 3：在"贴图"卷展栏中选择"反射"，设置反射数量为"80"，贴图类型选择"位图"，选择素材中的"……案例文件/第 8 章/fz.jpg"文件，设置"坐标"卷展栏中"模糊偏移"值为"0.09"，如下图 8.29 所示。

步骤 4：选择视图中的椅子对象，单击材质面板中的"将材质指定给选定对象"按钮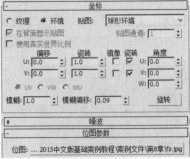，选择"mental ray 渲染器"对摄像机视图进行渲染，"不锈钢材质"最终效果如图 8.30 所示。

图 8.29 设置"反射"参数

图 8.30 "不锈钢材质"最终效果

8.4.2 案例 II——制作"陶瓷"材质

步骤 1：启动 3ds Max 2015，单击"快速访问工具栏"上的"打开文件"按钮，或者按【Ctrl+O】组合键，在弹出的"打开文件"对话框中选择素材中的"案例文件/第 8 章/陶瓷材质.max"文件，接着单击"打开"按钮，打开的场景如图 8.31 所示。

图 8.31 "摄像机视图"效果

步骤 2:单击工具栏中"材质编辑器"按钮,选择第一个样本球,命名为"陶瓷"。设置明暗器的类型为"(p)phong",在"phong 基本参数"卷展栏中设置"环境光"颜色和"漫反射"颜色为"白色",同时设置"反射高光"参数,如图 8.32 所示。

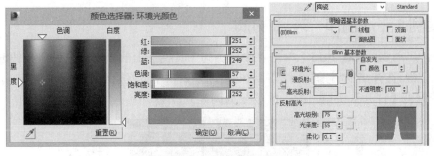

图 8.32 设置基本参数

步骤 3:在"贴图"卷展栏中,选择"反射",设置"反射"为"10",贴图类型中选择"光线跟踪",单击"光线跟踪器参数"卷展栏下的背景中的"无"按钮,在"材质/贴图浏览器"中选择"位图",选择素材中的"案例文件/第 8 章/bj.jpg"文件,"反射"参数设置如图 8.33 所示。

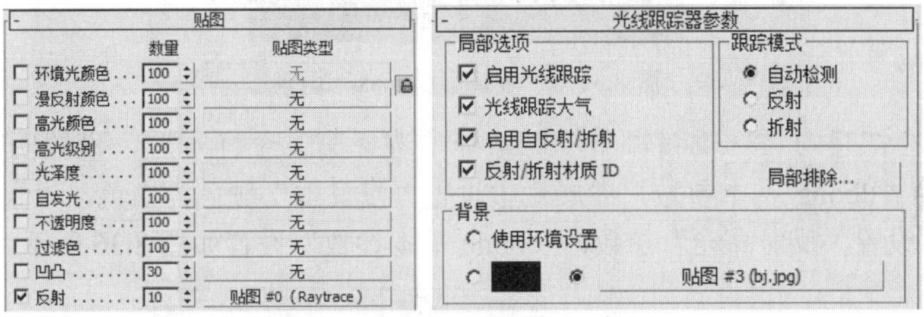

图 8.33 设置"反射"参数

步骤 4:选择视图中的杯子和托盘对象,单击材质面板中的"将材质指定给选定对象"按钮,选择"mental ray 渲染器"对摄像机视图进行渲染,"陶瓷材质"最终效果如图 8.34 所示。

图 8.34 "陶瓷材质"效果

8.4.3 案例Ⅲ——制作"玻璃"材质

步骤1：启动3ds Max 2015，单击"快速访问工具栏"上的"打开文件"按钮，或者按【Ctrl+O】组合键，在弹出的"打开文件"对话框中选择素材中的"案例文件/第8章/玻璃材质.max"文件，接着单击【打开】按钮，打开的场景如图8.35所示。

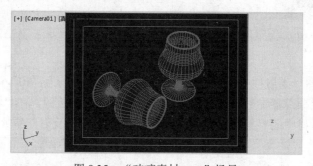

图8.35 "玻璃素材.max"场景

步骤2：在打开的"材质编辑器"对话框中选择第二个样本球，设置明暗器的类型为"(p)Phong"，在"Phong 基本参数"卷展栏中设置"漫反射"颜色为白色，设置不透明度的值为"46"，同时设置"反射高光"参数，"Phong 基本参数"设置如图8.36所示。

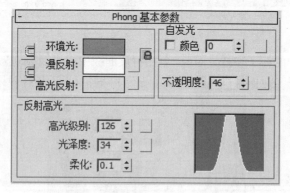

图8.36 设置"Phong 基本参数"

步骤3：在"贴图"卷展栏中，设置"折射"的值为"75"，贴图为"光线跟踪"贴图类型，在"光线跟踪器参数"卷展栏中单击"背景"下面的颜色块，设置"背景色"颜色的红、绿、蓝的值为"87",在"折射材质扩展"卷展栏中取消"将折射视为玻璃效果(Fresnel 效果)"的选中状态,"贴图"参数和"光线跟踪"参数设置如图 8.37 所示。

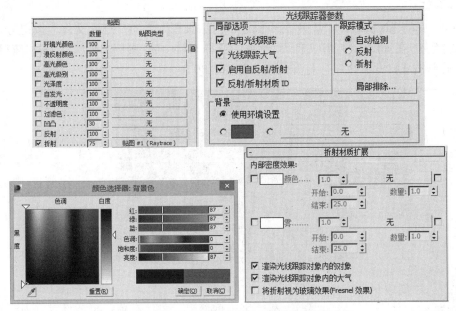

图 8.37　设置"贴图"参数和"光线跟踪"参数

步骤 4:选择视图中的红酒杯,单击材质面板中的"将材质指定给选定对象"按钮,选择"mental ray 渲染器"对摄像机视图进行渲染,"玻璃材质"最终效果如图 8.38 所示。

图 8.38　"玻璃材质"最终效果

8.4.4 案例Ⅳ——制作"油漆"材质

步骤1：启动3ds Max 2015，单击"快速访问工具栏"上的"打开文件"按钮，或者按【Ctrl+O】组合键，在弹出的"打开文件"对话框中选择素材中的"案例文件/第8章/油漆材质.max"文件，接着单击【打开】按钮，打开的场景如图8.39所示。

图8.39 "油漆材质.max"场景

步骤2：在打开的"材质编辑器"对话框中选择第三个样本球，将名称设置为"油漆"，单击右边的按钮 Standard ，在"材质/贴图浏览器"中选择"光线跟踪"，在"光线跟踪基本参数"卷展栏中设置"反射高光"的参数和漫反射的RGB值，"光线跟踪"参数设置如图8.40所示。

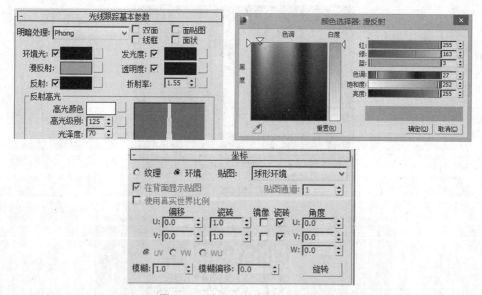

图8.40 设置"光线跟踪"参数

步骤3：单击"转向父对象"按钮，单击"反射"右边的按钮，在"材质/贴图浏览器"中选择"衰减"，在"衰减参数"卷展栏中设置衰减类型为"Fresnel"，选中视图中的灯架，单击"材质编辑器"对话框中的"将材质指定给选定对象"按钮，选择"mental ray 渲染器"对摄像机视图进行渲染，"油漆材质"最终效果如图8.41所示。

第8章 材质与贴图

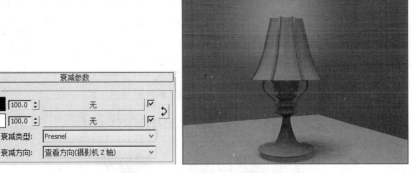

图 8.41 "油漆材质"最终效果

8.4.5 拓展练习——制作"树木"材质

步骤 1：启动 3ds Max 2015，单击"快速访问工具栏"上的"打开文件"按钮，或者按【Ctrl+O】组合键，在弹出的"打开文件"对话框中选择素材中的"案例文件/第 8 章/树木材质.max"文件，接着单击"打开"按钮，打开的场景如图 8.42 所示。

图 8.42 "树木材质.max"场景

步骤 2：在打开的"材质编辑器"对话框中选择第一个样本球，将名称设置为"草地"，在"Blinn 基本参数"卷展栏中设置"反射高光"参数，在"贴图"卷展栏中，设置"漫反射"的贴图类型"混合"，在"混合参数"卷展栏中单击"颜色#1"后的按钮 无 ，选择"贴图类型"为"位图"，选择素材中的"案例文件/第 8 章/caodi.bmp"文件，在"坐标"卷展栏下设置"瓷砖"的 U、V 值为"4"。单击"转向父对象"按钮，在"混合参数"卷展栏中单击"颜色#2"后的按钮 无 ，选择"贴图类型"为"位图"，选择素材中的"案例文件/第 8 章/tudi.bmp"文件，在"坐标"卷展栏下设置"瓷砖"的 UV 值为"6"。单击"转向父对象"按钮，在"混合参数"卷展栏中单击"混合量"后的按钮 无 ，选择"贴图类型"为"烟雾"，在"烟雾参数"卷展栏中设置参数，并单击"交换"按钮，将"颜色#1"调整为"白色"。基本参数设置如图 8.43 所示。

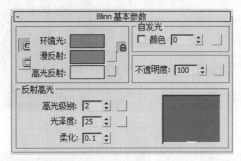
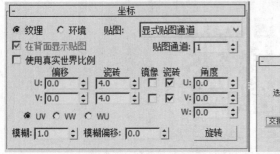

图 8.43 "草地"效果基本参数设置

步骤 3：单击 2 次"转向父对象"按钮 ，在"贴图"卷展栏中将"漫反射"后的贴图类型拖动，以"实例"方式复制到"凹凸"后的贴图类型中，选中视图中的草地，单击"材质编辑器"对话框中的"将材质指定给选定对象"按钮 ，如下图 8.44 所示。

图 8.44 "草地"效果

步骤 4：选择第一个样本球，将名称设置为"树木"，单击名称右边的按钮 Standard ，在"材质/贴图浏览器"中选择"多维/子对象"类型，单击【确定】按钮，在"多维/子对象基本参数"卷展栏中单击按钮 设置数量 ，设置材质数量为"2"，单击【确定】按钮，单击"子材质"下的第一个按钮，在"明暗器基本参数"卷展栏中选择"双面"，在"Blinn 基本参数"卷展栏中设置"高光级别"为"5"，在"贴图"卷展栏中，设置"漫反射"的贴图类型"混合"，在"混合参数"卷展栏中单击"颜色#1"后的按钮 无 ，选择"贴图类型"为"位图"，选择素材中的"案例文件/第 8 章/shupi.bmp"文件，单击"转向父对象"按钮 。在"混合参数"卷展栏中单击"颜色#2"后的按钮 无 ，选择"贴图类型"为"位图"，选择素材中的"案例文件/第 8 章/muwen.bmp"文件,在"坐标"卷展栏中设置偏移和瓷砖的 UV 值,在"位图参数"卷展栏中勾选"应用",单击右边的"参看图像",在弹出的窗口中选择图像的一部分。单击"转向父对象"按钮，在"混合参数"卷展栏中单击"混合量"后的按钮 无 ,选择"贴图类型"为"位图",选择素材中的"案例文件/第 8 章/zhezhao.bmp"文件,参数设置如图 8.45 所示。

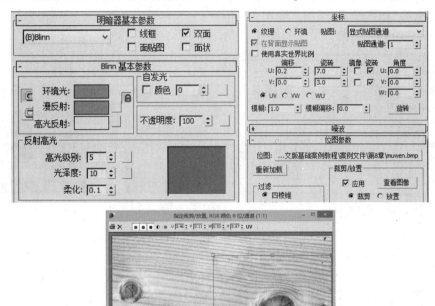

图 8.45 "树木"效果及相关参数设置

步骤 5:单击 2 次"转向父对象"按钮，在"贴图"卷展栏中将"漫反射"后的贴图类型拖动以"实例"方式复制到"高光颜色""高光级别""光泽度""凹凸""置换"后的贴图类型中,并设置对应的数量值。选择视图中的"树木"对象,单击修改面板按钮，在下面的修改器列表中选择"置换网格"修改器,在"置换近似"卷展栏中勾选"自定义设置",相关参数设置如图 8.46 所示。

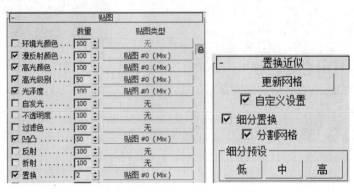

图 8.46 在"贴图"卷展栏和"置换近似"卷展栏中设置参数

步骤6：单击"转向父对象"按钮，单击"子材质"下的第二个按钮，选择"标准"类型，在"Blinn 基本参数"卷展栏中设置"反射高光"参数，设置"自发光"颜色，在"贴图"卷展栏中选择"漫反射"的"贴图类型"为"位图"，选择素材中的"案例文件/第8章/nianlun.bmp"文件，单击"转向父对象"按钮，在"贴图"卷展栏中将"漫反射"后的贴图类型拖动以"实例"方式复制到"高光颜色""高光级别""光泽度""凹凸""置换"后的贴图类型中，并设置对应的数量值。复制"贴图类型"如图8.47所示。

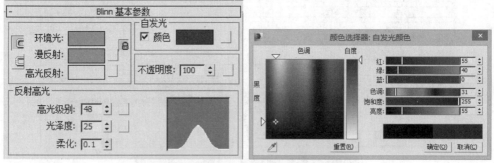

图8.47　复制"贴图类型"

步骤7：单击"转向父对象"按钮，选择视图中的树木，单击"材质编辑器"对话框中的"将材质指定给选定对象"按钮，选择"mental ray 渲染器"对摄像机视图进行渲染，"树木材质"最终效果如图8.48所示。

图8.48　"树木材质"最终效果

本章小结

本章主要讲述了利用 3ds Max 2015 中的标准材质设置不同类型材质的基本方法。材质与贴图的合理搭配才能使场景中的对象更具真实感,为制作效果增色;为了达到更好的效果,还需要场景中灯光和摄影机的配合,在后续章节中会继续学习。本章循序渐进通过四个案例介绍了 3ds Max 中各种不同材质的制作方法,掌握不同的材质类型的基本属性特征是制作物体材质的关键。

课后练习

请使用本章中所学知识,设置如图 8.49 中的"地板"对象制作"地面反射"效果,并为其他对象赋予相应的材质。

图 8.49 "地面反射"效果

第 9 章

灯光与摄影机

灯光和摄影机是 3ds Max 场景或动画中不可缺少的重要部分,对场景或动画的最后渲染起着重要的作用,通过在场景中设置灯光可以增强场景中的真实感、清晰度、三维纵深度,适当的照明与环境设置将给平凡的创作增添光彩。好的摄影机位置能够突出场景中的主角,好的镜头切换和摄影机动画能够使整个动画流畅自然。本章将介绍 3ds Max 2015 中的灯光与摄影机的创建与应用。

教学目标
- 了解灯光与摄影机的基本概念
- 掌握灯光与摄影机的创建和调整
- 掌握灯光与摄影机常用参数设置
- 掌握灯光与摄影机的应用技巧

教学内容
- 场景布光基础知识
- 灯光类型与特征、设置参数、阴影参数
- 摄影机相关基本概念
- 摄影机的参数设置与调节

9.1 灯光基础知识

没有灯光的世界将是一片黑暗,在 3ds Max 的场景中也是一样,精美的模型、真实的材质、完美的动画,如果没有灯光照射一切都是无用的,因此说灯光的应用在场景的重演中是最重要的一步毫不过分。另外,灯光的应用也不仅仅是在场景的某一位置添加照明,如果那样 3ds Max 提供的缺省灯光就够了。其实灯光的作用远不止此,恰如其分的灯光不仅使场景充满生机,还会增加场景中的气氛、影响观察者的情绪、改变材质的效果，甚至会使场景中的模型产生感情色彩。

9.1.1 三点照明

在 3ds Max 中场景布光是非常重要的，通常采用三点照明布光，即主光源、补光源或叫副光源、背光源，在一些特殊的情况下往往还要加上背景光源。

主光源提供场景的主要照明及阴影效果，有明显的光源方向，一般位于视平面 30～45 度，与摄像机夹角为 30～45 度，投向主物体，一般光照强度较大，能充分地把主物体从背景中凸现出来。主光源通常采用聚光灯或者平行光来充当。

补光源用来平衡主光源造成的过大的明暗对比，同时也用来勾画出场景中物体的轮廓，一般相对于主光源位于摄像机的另一侧，高度和主光源相近。一般光照强度较主光源小，约为主光源的一半或者三分之二左右。但光照范围较大，应能覆盖主光源无法照射到的区域。

一般使用聚光灯作为辅助光，也可以应用泛光灯或者点光源。

背光源的主要作用是使诸物体同背景分离，通常用泛光灯作为背光灯，其位置同摄像机呈近 180 度，高度要根据实际情况调节，其照射强度一般很小，约为主光源的三分之一或者一半，多用大的衰减。

9.1.2 光源的类型

根据光源发光的方式，有几种基本类型的光源。在 3ds Max 中被模拟的光源包括点光源、聚光源、无穷远光源和环境光源。所有这些类型的光都可由用户生成和修改。在 3ds Max 的三维场景中自动地产生默认光源。但只要我们在场景中创建任意光源，默认光源就自动地关闭。

点光源向所有方向均匀地发射光，因为这一原因，点光源也被称作全向光源。点光源是最简单的光源类型，它们可放在场景中的任何地方。例如，点光源可以放在相机的视觉范围之外，可放在场景中物体的后面，甚至可放在物体的内部。放在物体内部的点光源的效果在不同软件程序之间有所不同，但在许多情况下，光线将穿过透明物体照射，就像灯泡一样。白炽灯是点光源的一个简单例子，星星、蜡烛、萤火虫也是点光源。

聚光灯按一个圆锥形状或四棱锥向指定方向发射光。聚光灯有一些特有的特征是其他类型光源所没有的，将在以后作解释。用于舞台、电影产品中的闪光灯、带阴影的灯和光反射器都是聚光灯的例子。

无穷远光源离场景中的物体很远，以致光线相互平行地到达场景。在 3ds Max 中用平行光来模拟无穷远光源。无穷远光源也被称作定向光源，表现就像天空中的星星。但与星星不同，计算机模拟的无穷远处光源可放在场景中的任何地方，是无质量的，而且可以调节它们的强度。太阳是 3ds Max 提供的是一个特殊的无穷远处光源的例子，通过输入太阳位置的经纬度，加上模拟场景时的日期在一天中的准确时间，太阳可准确地放在场景之上。

环境光源是由环境光源发射的光分布在整个场景中。环境光源常常决定一个场景的一般照明级或黑暗级，而且每个场景几乎总是仅有一个环境光源。

9.1.3 光源的基本组成部分

所有模拟光源的主要部分包括位置、颜色和强度、衰减、阴影。此外，聚光灯也由它们的方向和圆锥角定义。所有照明软件都可以设置一个光源的各个参数。

1. 位置和方向

一个光源的位置和方向可以用 3ds Max 程序提供的标准导航或几何变换工具控制。一般地讲，将光源放进模拟三维空间的工具与放置相机的工具相同：简单的和组合的平移、旋转。在线框显示模式中，光源通常用各种图形符号表示，例如，灯泡表示点光源，圆锥表示聚光灯，带箭头的圆柱表示平行光源，等等。但当重演一个场景时，通常不能看到真正的光源本身（而是来自它们的光），除非它们有可见的模型物体作原型。

2. 颜色和强度

事实上，模拟光可有任意颜色。光的强度与颜色相互影响，光的颜色的任何变化几乎都似乎影响它的强度，例如，我们有两束强度相同的红色光，但它们其中之一是暗红色，另一个是亮红色，则后者看上去具有更高的强度。

3. 衰退与衰减

光的衰退值控制一个光源的强度，所以，它也控制着光离开光源后能传播的距离。弱光衰退迅速，而强光衰退缓慢，而且传播的距离远。在现实世界中，光的衰退总是与产生光的光源强度联系在一起的，衰减参数定义光离光源而去时的强度变化。由点光源产生的光在所有方向一致衰退，由聚光灯产生的光不仅随着光离开光源而衰减，而且也随着离光束圆锥中心向边缘移动而衰减。为取得慢速衰退效果，用线性插值控制衰退和衰减；为取得迅速衰退效果，用指数插值控制。

4. 圆锥或光束角度

光的圆锥角度特征是聚光灯特有的。聚光灯的圆锥角定义了光束的直径，也定义了覆盖的表面区域。该参数模拟实际聚光灯的挡光板，控制光束的传播。

5. 阴影

原理上，所有的光源都产生阴影，但阴影投射这个光源的特征可以打开或关闭。因为阴影投影也是一个可选的物体属性和着色技术。阴影的最后视觉外表不仅由阴影的属性决定，而且还由阴影投射物体的属性和采用的渲染方法决定。

9.2 灯光的类型与特征

3ds Max 2015 为用户提供了两种灯光类型，分别为"标准"和"光度学"。它们拥有共同的创建参数，包含阴影生成器。接下来对这两种类型的灯光进行详细介绍。

9.2.1 标准灯光

标准灯光是基于计算机的对象，其模拟灯光，如家用或办公室灯，舞台和电影工作时使用的灯光设备，以及太阳光本身。不同种类的灯光对象可用不同的方式投影灯光，用于模拟真实世界不同种类的光源。与光度学灯光不同，标准灯光不具有基于物理的强度值。

在"创建"命令面板中单击"灯光"按钮，进入该次命令面板。在该面板的下拉列表栏中选择"标准"选项，即可进入"标准"灯光的创建面板。在该面板中将显示 8 种标准灯光的创建按钮，如图 9.1 所示。通过单击标准灯光面板上的命令按钮，就可以在视图中创建 3ds Max 中提供的目标聚光灯、自由聚光灯、目标平行光、自由平行光、泛光、天光、mr 区域泛光灯和 mr 区域聚光灯 8 种标准灯光。

图 9.1　标准灯光面板

1. 目标聚光灯

聚光灯是从一个点投射聚焦的光束，像闪光灯一样投影聚焦的光束，像在剧院中或桅灯下的聚光区。在系统默认的状态下光束呈锥形。目标聚光灯包含目标和光源两部分，这种光源通常用来模拟舞台的灯光或者是马路上的路灯照射效果。"目标聚光灯"有投射点和目标点两个图标可调，方向性非常好，加入投影设置，可以产生逼真的静态仿真效果。缺点是在进行动画照射时不易控制方向，两个图标的调节常使发射范围改变，也不易进行跟踪照射。它有矩形和圆形两种投射区域，矩形区域适合制作电影投影图形和窗户投影灯，圆形区域适合路灯、车灯、台灯及舞台跟踪等灯光照射，目标聚光灯的顶视图和透视视图如图 9.2 所示。

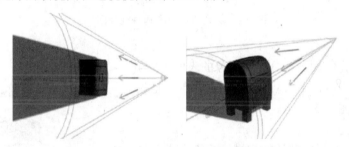

图 9.2　目标聚光灯的顶视图和透视视图

添加目标聚光灯时，3ds Max 会自动为其指定"注视"控制器，且灯光目标对象指定为"注视"目标。可以使用"运动"面板上的控制器设置将场景中的任何其他对象指定为"注视"目标。灯光的目标距离不会影响灯光的衰减或亮度。

2. 自由聚光灯

与目标聚光灯不同，"自由聚光灯"没有目标对象，可以移动和旋转自由聚光灯以使其指向任何方向。只能控制它的整个图标，无法在视图中对发射点和目标点分布调节。它的优点是不会在视图中改变投射范围，特别适合一些动画的灯光，如摇晃的手电筒、舞台上的投射灯、矿工头上的射灯以及汽车的前大灯等。

3. 目标平行光

目标平行光相似于目标聚光灯，其照射范围呈圆形和矩形，光线平行发射。平行光主要用于模拟太阳光。可以调整灯光的颜色和位置并在 3D 空间中旋转灯光。目标平行光的顶视口和透视视口如图 9.3 所示。

4. 自由平行光

与目标平行光不同，自由平行光没有目标对象，它也只能通过移动和旋转灯光对象以在任何方向将其指向目标。

5. 泛光

泛光灯从单个光源向各个方向投影光线。泛光灯用于将"辅助照明"添加到场景中，或模拟点光源。泛光的顶视图和透视视图如图9.4所示。

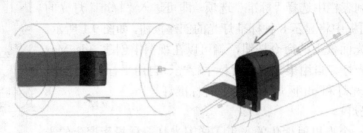

图9.3　目标平行光的顶视图和透视视图

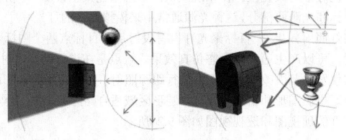

图9.4　泛光的顶视图和透视视图

6. 天光

天光灯可以将光线均匀地分布在对象的表面,并与光跟踪器渲染方式一起使用,从而模拟真实的自然光效果,天光效果图如图9.5所示。

7. mr 区域泛光灯

mr 区域泛光灯在系统默认的扫描线渲染方式下与标准的泛光灯效果相同,当使用"mental ray 渲染器"渲染场景时,区域泛光灯从球体或圆柱体区域发射光线,而不是从点源发射光线。

8. mr 区域聚光灯

mr 区域聚光灯在系统默认的扫描线渲染方式下与标准的泛光灯的效果相同,当使用"mental ray 渲染器"渲染场景时,区域聚光灯从矩形或碟形区域发射光线,而不是从点光源发射光线。

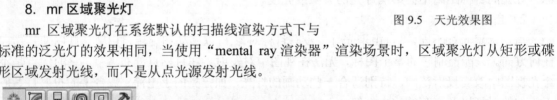

图9.5　天光效果图

9.2.2　光度学灯光类型

图9.6　光度学灯光创建面板

光度学灯光是一种较为特殊的灯光类型,它能通过设置光能值定义灯光,常用于模拟自然界中的各种类型的照明效果,就像在真实世界一样。并且可以创建具有各种分布和颜色特性灯光,或导入照明制造商提供的特定光度学文件。

在"创建"命令面板中单击"灯光"按钮 ,进入该次命令面板。在该面板的下拉列表栏中选择"光度学"选项,即可进入光度学灯光创建面板。在该面板中将显示3种光度学灯光的创建按钮,如图9.6所示。

3ds Max 包括下列类型的光度学灯光对象：目标灯光（光度学）；自由灯光（光度学）；mr Sky 门户；日光系统。

1. 目标灯光和自由灯光

光度学灯光的分布类型有：统一球形、统一漫反射、聚光灯、光度学 Web。

在视口中，统一分布、聚光灯分布以及 Web 分布分别用小球体（球体的位置指示分布是球形分布还是半球形分布）、圆椎体以及 Web 图形表示。光度学灯光分布如图 9.7 所示。

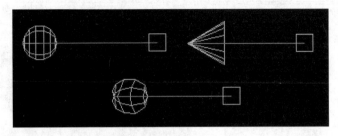

图 9.7　光度学灯光分布

2. mr Sky 门户

mr Sky 门户属于区域灯光，从环境中导出其亮度和颜色，能够产生非常真实的光照效果。mr Sky 门户不能够单独使用，必须搭配天光才能产生作用，主要是为室内补充天光，可以明显地改善室内天光效果不明显的情形。

3. 太阳光和日光系统

在"创建"命令面板中的单山"系统"按钮，进入该命令面板。太阳光和日光系统如图 9.8 和图 9.9 所示

"太阳光和日光"系统可以使用系统中的灯光，该系统遵循太阳在地球上某一给定位置的符合地理学的角度和运动。可以选择位置、日期、时间和指南针方向，也可以设置日期和时间的动画。此外，可以使用"纬度""经度""北向"和"轨道缩放"功能进行动画设置。

图 9.8　太阳光和日光系统

太阳光和日光具有类似的用户界面。区别在于太阳光使用平行光，日光将太阳光和天光相结合，日光系统是 3ds Max 中的日照模拟系统，通过一个对场景所有表面的入射方向都保持不变的特殊平行光源来实现对阳光的模拟。系统可以通过所设置的地理位置、时间及天空情况计算出阳光（平行光源）的方向或强度。太阳光组件可以是 IES 太阳光、mr Sun，可以是标准灯光。天光组件可以是 IES 天光、mr 天光，也可以是天光。IES 太阳光和 IES 天光均为光度学灯光。IES 天光是基于物理的灯光对象，该对象模拟天光的大气效果；IES 太阳光是模拟太阳光的基于物理的灯光对象。当与日光系统配合使用时，将根据地理位置、时间和日期自动设置 IES 太阳的值。

9.3　灯光的应用

9.3.1　案例 I——制作"室内灯光"效果

步骤 1：打开"第 9 章/室内灯光/室内灯光初始.max"场景文件，如图 9.9 所示。

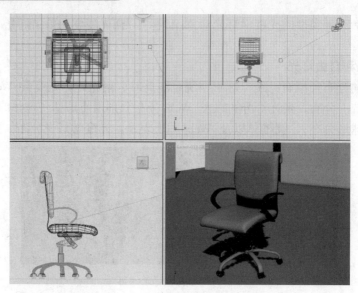

图 9.9 "室内灯光初始.max"场景

步骤 2：执行"创建 →灯光 →泛光灯 泛光 "命令，在顶视口创建一盏泛光灯，然后选中泛光灯，按住【Shift】键，用选择并移动工具 沿 Y 轴方向移动，在弹出的"克隆选项"对话框中，选择"实例"方式复制出 3 盏泛光灯。参数设置如图 9.10 所示。

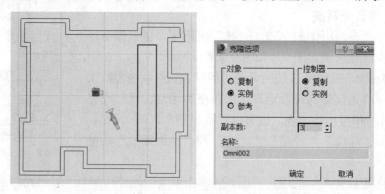

图 9.10 在顶视口创建 4 盏泛光灯及参数设置

步骤 3：在左视口选择 4 盏灯，按【Shift】键，用选择并移动工具 沿 Y 轴方向往下移动，再次以实例的方式复制 3 组泛光灯，如图 9.11 所示。

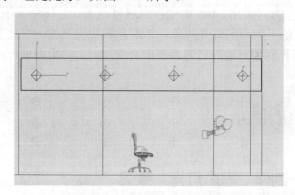

图 9.11 在左视口复制 3 组灯光

步骤 4：选择其中一盏泛光灯，在修改命令面板中，展开"强度/颜色/衰减"卷展栏，将"倍增"设置为"0.05"，在"远距衰减"中将"使用"前的复选框勾选，将"开始"设置为"760"，"结束"设置为"1340"。泛光灯参数设置和效果图如图 9.12 所示。只要设置一盏泛光灯，前面以实例方式复制的所有泛光灯的参数都会跟着改变。

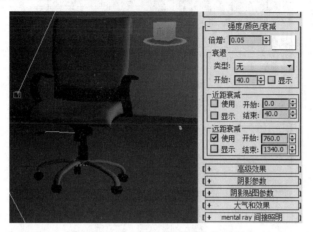

图 9.12　泛光灯参数设置与效果图

步骤 5：在左视口选择中间的 4 盏灯，然后在顶视口右击（切换到顶视口），向左移动复制。在弹出的"克隆选项"对话框中，选择"复制"方式复制。具体操作如图 9.13～图 9.15 所示。

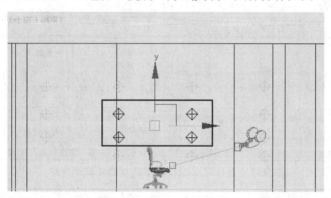

图 9.13　在左视口选择 4 盏泛光灯

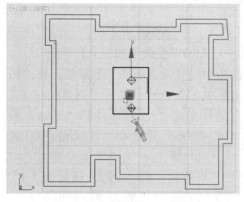

图 9.14　在顶视口移动复制

图 9.15　"克隆选项"对话框

步骤6：在步骤5复制出的泛光灯中，选择其中一盏，在修改命令面板中，展开"强度/颜色/衰减"卷展栏，将"倍增"设置为"0.04"，将"远距衰减"选项中的"开始"和"结束"值分别设置为"875""1240"。"强度/颜色/衰减"参数设置如图9.16所示。

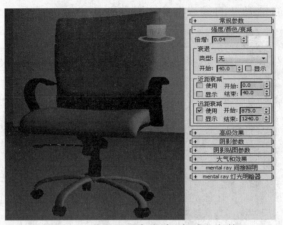

图9.16　设置"强度/颜色/衰减"参数

步骤7：选择在步骤5中复制出的4盏泛光灯，按【Shift】键沿着X轴向左移动，以复制的方式复制出一组（4盏）泛光灯。具体操作如图9.17所示。

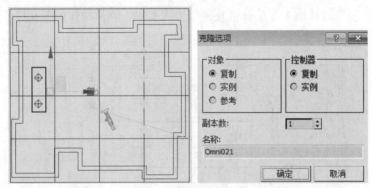

图9.17　在顶视口以复制形式复制4盏泛光灯

步骤8：在上一步所复制的4盏泛光灯中选择一盏，在右侧的修改命令面板中展开"强度/颜色/衰减"卷展栏，将"倍增"值设置为"0.03"，"远距衰减"选项组中的"开始"和"结束"分别设置为"800""1050"，如图9.18所示。

步骤9：在前视口，执行"❋（创建）→ ▨（灯光）→ 目标平行光 （平行光）"命令，创建一盏目标平行光，并在其他视图调整位置。目标平行光的调整效果如图9.19所示。

步骤10：选择目标平行光，展开其修改命令面板中的"常规参数"卷展栏，将"阴影"选项组中的"启用"勾选，在阴影列表中选择"阴影贴图"方式；展开"强度/颜色/衰减"卷展栏将"倍增"值设置为1，勾选"远距衰减"选项中的"使用"，并将"开始"和"结束"值分别设置为"2000""3000"，目标平行光"常规参数"设置和"强度/颜色/衰减"参数设置如图9.20所示；展开"平行光参数"卷展栏，将"聚光区/光束"值设置为"472"，"衰减区/区域"设置为"813"；展开"阴影贴图参数"卷展栏，将"偏移"设置为"0"，"大小"设置为"2048"，"采样范围"设置为"8"。"平行光参数"设置和"阴影贴图参数"设置如图9.21所示。最后效果图如9.22所示。

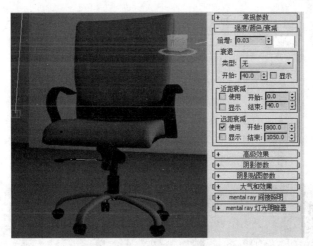

图 9.18 设置"强度/颜色/衰减"参数

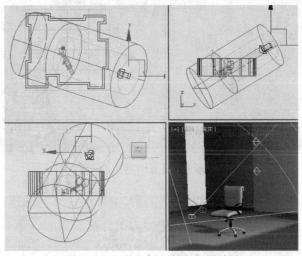

图 9.19 调整目标平行光位置效果

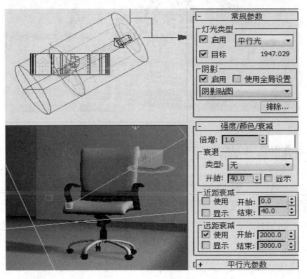

图 9.20 设置"常规参数"和"强度/颜色/衰减"

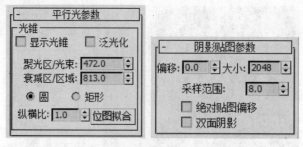

图 9.21 设置"平行光参数"和"阴影贴图参数"

图 9.22 最终效果图

9.3.2 案例Ⅱ——制作"光与文字"效果

步骤 1：创建文字。执行"创建 → 图形 → 文本 文本"命令，在顶视口单击，输入文字"ERIC"，设置字体为"汉仪大黑简"，大小为"100"。如图 9.23 所示。

步骤 2：选择文字"ERIC"，在修改命令面板中，添加"倒角"修改器，展开"参数"卷展栏，在"曲面"选项组中勾选"曲线侧面"，将"分段"设置为"4"；展开"倒角值"卷展栏，将"起始轮廓"设置为"0.5"，"级别 1："中的"高度"和"轮廓"分别设置为"0.5"和"1"；勾选"级别 2："，将"级别 2："中的"高度"和"轮廓"分别设置为"5"和"0"；勾选"级别 3："，将"级别3:"中的"高度"和"轮廓"分别设置为"0.5"和"-1",如图9.24所示。

图9.23 创建文字及参数设置

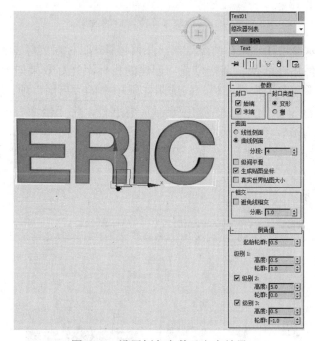

图9.24 设置倒角参数及文字效果

步骤3:执行"创建✦→几何体◯→平面 平面 "命令,在顶视口创建平面,命名为"地面",展开创建面板的"参数"卷展栏,分别设置"长宽"和"宽度"为"1000"。创建平面的参数设置如图 9.25 所示。在前视口调整平面与文字的位置。调整平面位置后的效果如图9.26所示。

图9.25 创建平面的参数设置

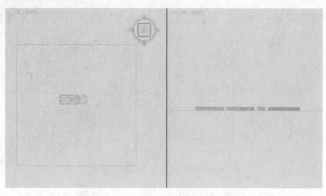

图 9.26 调整平面位置后的效果

步骤 4：创建目标聚光灯。执行"创建 ✦ → 几何体 ◯ → 目标聚光灯 目标聚光灯 "命令，在顶视口创建目标聚光灯，然后在前视口调整位置。创建的目标聚光灯效果如图 9.27 所示。在修改命令面板中，展开"常规参数"卷展栏，勾选阴影选项中的"启用"项，在阴影列表中将阴影类型设置为"区域阴影"；展开"强度/颜色/衰减"卷展栏，将"倍增"设置为"1.0"，单击右侧的色块，设置颜色为淡黄色，然后在色块上右键，在弹出的下拉菜单中选择"复制"；展开"聚光灯参数"卷展栏，将"聚光区/光束"设置为"70"，"衰减区/区域"设置为"100"；展开"区域阴影"卷展栏，在"区域灯光尺寸"中将"长度""宽度"都设置为"30"。设置目标聚光灯参数如图 9.28 所示。

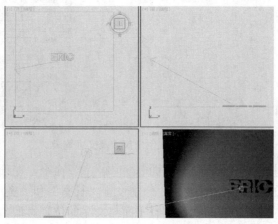

图 9.27 创建目标聚光灯

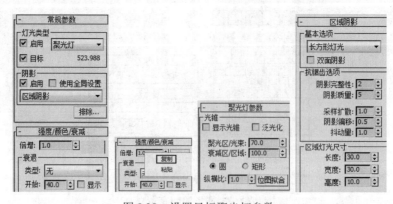

图 9.28 设置目标聚光灯参数

步骤5：打开材质编辑器，分别给"地面"和"文字"物体赋予材质。赋予材质给地面和文字的效果和参数设置如图9.29所示。

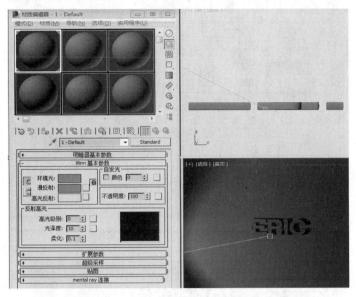

图9.29　赋予材质给地面和文字的效果和参数设置

步骤6：执行"创建→几何体→天光　天光　"命令，在顶视口任意位置创建天光。在修改命令面板中，展开"天光参数"卷展栏，将"倍增"设置为"1.0"，勾选"天空颜色"选项组中"天空颜色"，在"天空颜色"右侧的色块上右击，在弹出的下拉菜单中选择"粘贴"，"天光参数"设置如图9.30所示。

步骤7：在"渲染"下拉菜单中执行"光线跟踪器"命令，在打开的"渲染设置"对话框中，将"高级照明"选项卡中的"体积"项取消勾选。"高级照明"参数设置如图9.31所示。

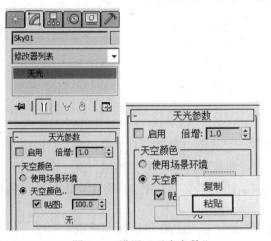

图9.30　设置"天光参数"

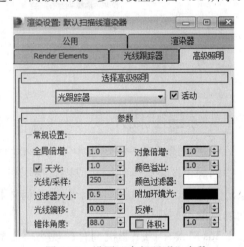

图9.31　设置"高级照明"参数

步骤8：按【F9】，渲染透视图。"光与文字"最终效果如图9.32所示。

图 9.32 "光与文字"最终效果图

9.4 摄影机基础知识

9.4.1 摄影机简介

摄影机通常是一个场景中不可缺少的组成单位，它从特定的观察点表现场景，模拟现实世界中的静止图像、运动图片或视频摄影机。使用摄影机视口可以调整摄影机，就好像通过其镜头进行观看。摄影机视口对于编辑几何体和设置渲染的场景非常有用。多个摄影机可以提供相同场景的不同视图。

3ds Max 中的摄影机拥有超现实摄影机的能力，更换镜头动作可以瞬间完成，无级变焦更是真实摄影机无法比拟的，对于景深的设置，直观地用范围表示，用不着通过光圈计算，对于摄影机的动画，除了位置变动外，还可以表现焦距、视角、景深等动画效果。自由摄影机可以很好地绑定到运动目标上，随着目标在运动轨迹上一起运动，同时进行跟随和倾斜，也可以把目标摄影机的目标点连接到运动的对象上，表现目光跟随的动画效果。当然还可以直接为摄影机绘制运动路径，表现沿路径拍摄的效果。

9.4.2 摄影机常用专业术语

真实世界中摄影机所使用镜头将场景反射的灯光聚焦到具有灯光敏感性曲面的焦点平面，如图 9.33 所示，A 为焦距，B 为视野（FOV）。

1. 焦距

镜头与感光表面间的距离称为焦距。不管是电影还是视频电子系统都被称为镜头的焦距。焦距影响对象出现在图片上的清晰度。焦距越短，图片中包含的场景就越多；焦距越长，包含的场景将越少，但却能够更清晰地表现远处场景的细节。焦距总是以毫米（mm）为单位的，通常将 50mm 的镜头定为摄影机的标准镜头，低于 50mm 的镜头称为广角镜头，高于 50mm 的镜头称为长焦镜头。

2. 视野（FOV）

视野（FOV）是用来控制可见场景范围的大小的，FOV 以水平线度数进行测量，单位为"地平角度"，它与镜头的焦距直接相关，例如，50mm 的视角范围为 46 度。镜头越长，视角越窄，镜头越短，视角越宽。

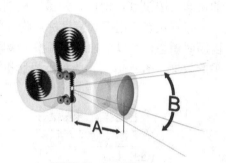

A：聚距长度 B：视野（FOV）

图 9.33 真实世界摄影机测量

3. 视角与透视

短焦距（宽视角）会加剧场景的透视失真，使对象朝向观察者看起来更深、更模糊。长焦距（窄视角）能够降低透视失真。如图 9.34 所示，左上图为长焦距（窄视角）；右下图为短焦距（宽视角）。50mm 的镜头最接近人眼所看到的场景，所以产生的图像效果比较正常，该镜头多用于快照、新闻图片、电影制作。

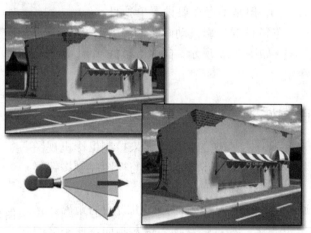

左上角：长焦距长度，窄 FOV　右下角：短焦距长度，宽 FOV

图 9.34 视角与透视

9.5 摄影机的基本操作

9.5.1 摄影机的类型

在 3ds Max 中有两种摄影机对象，分别为目标摄影机和自由摄影机。单击创建命令面板中的摄影机按钮，即可打开摄影机创建面板，摄影机创建面板如图 9.35 所示。

目标摄影机用于观察目标点附近的场景内容，它包含摄影机和目标点两部分，这两部分可以同时调整也可以单独进行调整。摄影机和摄影机目标点可以分别设置动画，从而产生各种有趣的效果。图 9.36 所示为目标摄影机始终面向其目标。

图 9.35 摄影机创建面板

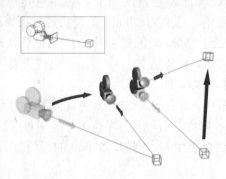

图 9.36 目标摄影机始终面向其目标

自由摄影机用于观察所指方向内的场景内容，它没有目标点，所以只能通过旋转操作来对齐目标对象。该摄影机类型多应用于轨迹动画的制作，如建筑物中的巡游、车辆移动中的跟踪拍摄效果等。自由摄影机图标与目标摄影机图标看起来相同，但是不存在要设置单独目标点的动画。当要沿一个路径设置摄影机动画时，使用自由摄影机要更方便一些。如图 9.37 所示，自由摄影机可以不受限制地移动和定向。

9.5.2 摄影机视图操作

图 9.37 自由摄影机

3ds Max 提供了一系列比较直观的利用按钮来控制摄影机视图的方法。活动视图为摄影机视图时，屏幕右下角的视图控制按钮显示如图 9.38 所示。

推拉摄影机：通过推拉改变目标点与摄影机之间的距离。推拉的结果使画面内容发生变化，决定哪些物体摄入画面，而不会改变摄影机视图的视点、视野或者视图中物体之间的透视关系。其中，通过改变摄影机机位实现推拉，通过改变目标点位置实现推拉，通过同时改变目标点位置和摄影机机位实现推拉。

图 9.38 摄影机控制按钮

视野：改变摄影机视图的视野，相当于移动镜头。改变视野的同时使画面内容和物体之间的透视关系发生改变。

透视：改变摄影机视图中物体之间的透视关系。只改变摄影机视图中物体之间的透视关系，不会改变画面内容。

（平移摄影机）：平行移动目标点和摄影机，使画面内容发生变化。

（侧滚摄影机）：旋转镜头时摄影机绕目标点和摄影机之间的连线视线旋转，使画面发生"倾斜"。

（环游摄影机）：绕动镜头时摄影机绕目标点旋转。3ds Max 中摄影机可以绕目标进行垂直（摇移摄影机）或者水平（环游摄影机）旋转。绕动镜头可以使摄影机从不同角度观察目标物体。

9.6 摄影机案例

案例——制作"室内漫游动画"

步骤 1：打开"第 9 章/室内漫游动画/室内漫游动画初始.max"场景文件，如图 9.39 所示。

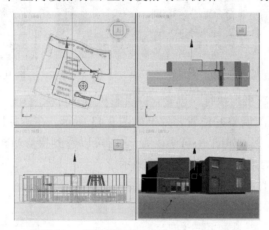

图 9.39 "室内漫游动画初始.max"场景

步骤 2：执行"创建→图形→线 线 "命令，在顶视口创建并调整样条线，如图 9.40 所示。

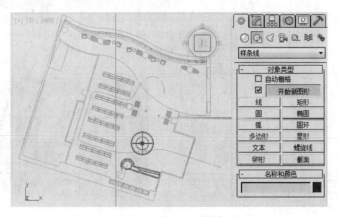

图 9.40 创建和调整样条线

步骤3：在左视口和透视视口，调整样条线位置，如图9.41所示。

步骤4：单击右下角的"时间配置"按钮，在弹出的"时间配置"对话框中，将"帧速率"参数组中的"FPS"设置为"25"，将"动画"参数组中的"结束时间"设置为"500"帧。"时间配置"参数设置如图9.42所示。

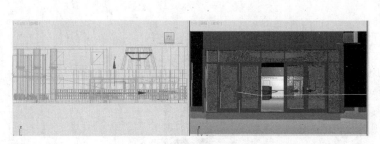

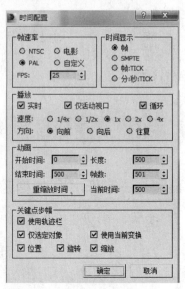

图9.41　调整样条线位置的效果　　　　　　　　图9.42　"时间配置"对话框

步骤5：创建目标摄影机。执行"创建 → 摄影机 → 目标"命令，在左视口创建目标摄影机，结合其他视图调整好位置，效果如图9.43所示。在透视图选择摄影机，执行"动画→约束→路径约束"命令，如图9.44所示。这时可以看到摄影机上出现虚线，将虚线拖至绘制好的样条线。"路径约束"效果如图9.45所示。

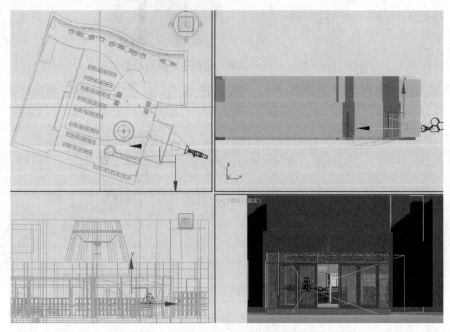

图9.43　创建和调整目标摄影机的效果

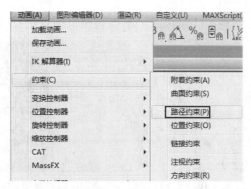

图 9.44 执行"路径约束"命令

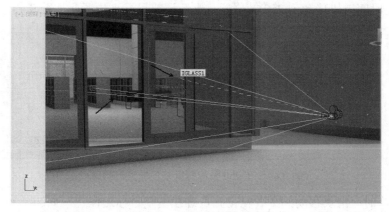

图 9.45 "路径约束"效果

步骤 6：设置摄影机目标点动画。单击"自动关键点" 自动关键点 按钮，将时间滑块移动到 110 帧位置，在顶视口放大视图，选择摄影目标点移动到如图 9.46 所示位置，朝向前台物体。

图 9.46 在 110 帧位置调整目标点及效果

步骤 7：将时间滑块移动到 192 帧位置，再次调整目标点至书柜位置，如图 9.47 所示位置。

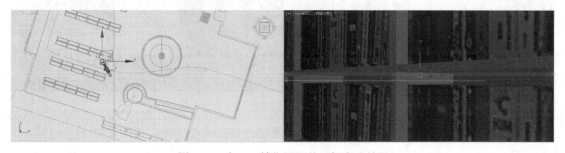

图 9.47 在 192 帧位置调整目标点及效果

步骤8：将时间滑块移动到233帧位置，继续调整目标点位置，如图9.48所示位置。

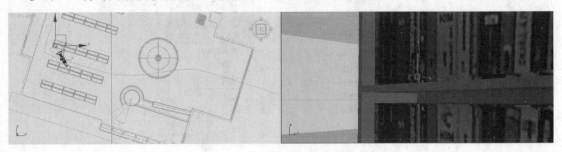

图9.48　在233帧位置调整目标点及效果

步骤9：将时间滑块移动到250帧位置，继续调整目标点位置，如图9.49所示位置。

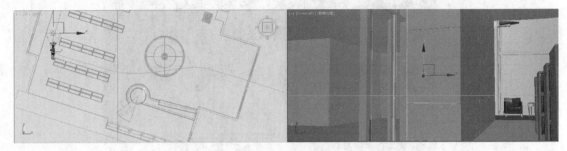

图9.49　在250帧位置调整目标点及效果

步骤10：将时间滑块移动到273帧位置，继续调整目标点位置，如图9.50所示位置。

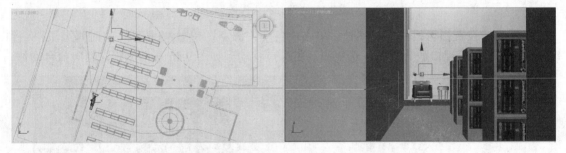

图9.50　在273帧位置调整目标点及效果

步骤11：将时间滑块移动到375帧位置，继续调整目标点位置，如图9.51所示位置

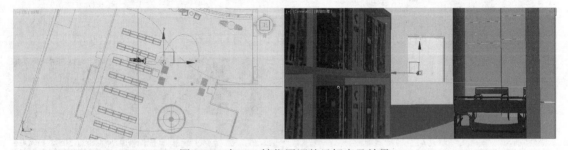

图9.51　在375帧位置调整目标点及效果

步骤12：将时间滑块移动到442帧位置，继续调整目标点位置，如图9.52所示位置。

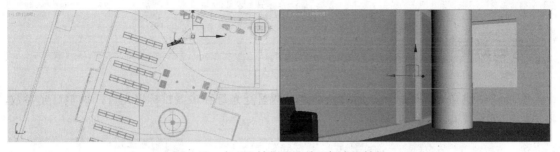

图 9.52　在 442 帧位置调整目标点及效果

步骤 13：将时间滑块移动到 500 帧位置，继续调整目标点位置，如图 9.53 所示位置。

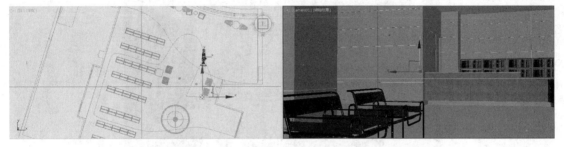

图 9.53　在 500 帧位置调整目标点及效果

本章小结

　　本章主要讲述了 3ds Max 2015 中灯光和摄影机的创建及参数调节方法。好的灯光搭配可以使场景更具层次感和真实感，烘托场景气氛，为制作效果增色。本章循序渐进通过 2 个案例介绍了 3ds Max 中各种灯光的使用方法，掌握不同的灯光和阴影类型的设置是使用 3ds Max 进行三维制作的关键。在场景中使用摄影机可以模拟出真实的镜头效果，本章通过案例讲述了摄影机动画在建筑漫游动画中的应用技巧。

课后练习

在场景中建立一架摄影机，然后分别建立两盏泛光灯和多盏目标聚光灯，调整灯光参数，将摄影机视图渲染，如图9.54所示

图 9.54 效果图

第 10 章 环境与效果

使用环境特效可以增加三维场景的临场感，烘托气氛。本章将详细讲解 3ds Max 2015 中常用的"环境和效果"编辑器。"环境和效果"编辑器不但可以设置背景和背景贴图，还可以模拟现实生活中对象被特定环境围绕的现象，如雾、火苗。通过本章的学习，熟悉 3ds Max 常用内置环境特效，掌握如火焰、浓烟及体积光等特效的制作方法和用技巧。

教学目标

- 了解环境与效果参数设置
- 了解各种效果特征
- 掌握大气效果应用技巧

教学内容

- 环境选项卡重要参数
- 效果选项卡重要参数
- 大气效果

10.1 环境的设置

环境的概念比较广，在 3ds Max 中有"环境"选项卡，用于制作各种背景、雾效、体积光和火焰，不过需要与其他功能配合使用才能发挥作用。如果背景要和材质编辑器共同编辑，雾效和摄影机的范围相关，体积光和灯光属性有关，火焰必须借助大气装置（辅助对象）才能产生。

10.1.1 "环境"选项卡

执行"渲染→环境"命令，即可打开"环境和效果"对话框，"环境和效果"对话框如图

10.1 所示。

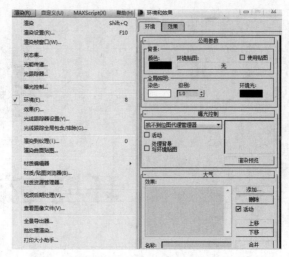

图 10.1 "环境和效果"对话框

使用环境选项卡可以完成以下效果：

设置背景颜色和设置背景颜色动画。

在渲染场景（屏幕环境）的背景中使用图像或者贴图，如使用纹理贴图作为球形环境、柱形环境或收缩包裹环境，使用"渐变"贴图制作渐变背景，使用"噪波"贴图制作星云背景，使用"烟雾"贴图制作蓝天、白云背景等。

设置环境光和设置环境光动画。

通过使用各种大气模块，可制作特殊的大气效果，包括燃烧、雾、体积雾及体积光，也可以引入第三方厂商开发的其他大气模块。

应用曝光控制渲染。

10.1.2 "公用参数"卷展栏

"公用参数"卷展栏主要用于设置场景的背景颜色及环境贴图，参数设置如下。

"颜色"选项：设置场景背景的颜色。单击其下方的色块，然后在"颜色选择器"中选择所需的颜色。背景颜色设置如图 10.2 所示。

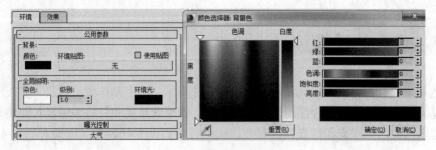

图 10.2 设置背景颜色

"环境贴图"选项：环境贴图下的按钮会显出贴图的名称，如果尚未指定名称，则显示"无"。贴图必须使用环境贴图（球形、柱形、收缩包裹和屏幕）。要指定环境贴图，单击"无"按钮，使用"材质/贴图浏览器"选择贴图，如果想进一步设置背景贴图，可以将已经设置贴图的"环境贴图"按钮拖至"材质编辑器"中的样本球上。此时会弹出对话框，询问用户复制贴图的方法，这里给出了两种方法：一种"实例"，另外一种是"复制"，环境贴图的设置如图 10.3 所示。

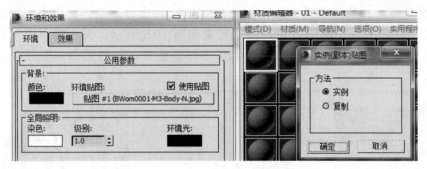

图 10.3　设置环境贴图

"使用贴图"选项：勾选该复选框，当前环境贴图才生效。

"染色"选项：如果此颜色不是白色，则为场景中的所有灯光（环境光除外）染色。单击"色块"弹出"颜色选择器"对话框，用于选择色彩颜色。

"级别"选项：增强场景中的所有灯光。如果级别为 1.0，则保留各个灯光的原始设置。增大级别将增强总体场景的照明强度，减少级别将减弱总体照明强度。

"环境光"选项：设置环境光的颜色。单击色块，然后在"颜色选择器"中选择所需的颜色。

10.1.3　"曝光控制"卷展栏

"曝光控制"卷展栏用于调整渲染的输出级别和颜色范围，类似于电影的曝光处理。

曝光控制可以补偿显示器有限的动态范围。显示器的动态范围大约有两个数量级。显示器上显示的最亮颜色要比最暗颜色亮大约 100 倍。比较而言，眼睛可以感知大约 16 个数量级动态范围。可以感知最亮的颜色比最暗的暗色亮大约 10^{16} 方倍。"曝光控制"调整颜色，使颜色可以更好地模拟眼睛的大体动态范围，同时仍适合可以渲染的颜色范围。

"曝光控制"卷展栏有如下选项，如图 10.4 所示。

可以从下拉列表中选择要使用的曝光控制，"曝光控制"列表如图 10.5 所示。

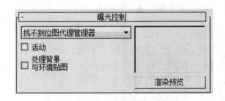　　　　　　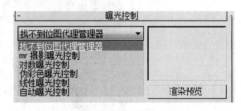

图 10.4　"曝光控制"卷展栏　　　　　　图 10.5　"曝光控制"列表

10.1.4　大气效果

环境中的大气效果包括"火效果""雾""体积雾""体积光" 4 种基本类型，使用时有各自的要求。

1. 火效果

该选项要求指定给"大气装置"建立的 Gizmo 对象，在 Gizmo 内部进行燃烧处理，产生火焰、烟雾、爆炸及水雾等特殊效果,它通过 Gizmo 物体确定形态。如由一组大小不同的 Gizmo 物体组成的火焰,可以将它运用到其他场景中,在环境编辑器总"合并"即可。

"火效果"不能作为场景的光源,它不产生任何的投射光效。如果需要模拟燃烧产生的光效,必须创建配合使用的灯光,火焰效果如图 10.6 所示。同一场景中可以创建任意数量的"火效果",它们在列表中排列的顺序特别重要,先创建的总是排在上方,最先进行渲染计算。

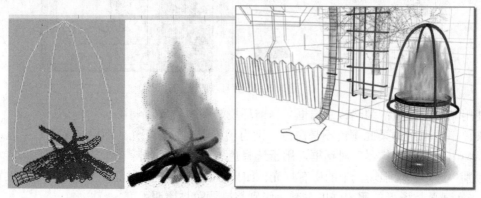

图 10.6　火焰效果

2. 雾

该选项针对整个场景的空间进行设置。雾是营造气氛的有力手段。三维空间好像真空一般,洁净的空气中没有一粒尘埃,不管多么遥远,物体总是像在眼前一样清晰。这种现象与现实生活是完全不同的。为了表现出真实的效果,需要为场景增加一定的雾效,让三维空间中充满大气,雾效果如图 10.7 所示。

图 10.7　雾效果

"雾"效果主要用来产生雾、层雾、烟雾、云雾及蒸汽等大气效果,作用于全部场景,它分为"标准"雾和"分层"雾两种类型。"标准"雾好比现实世界中的大气层,它类似于常说的能见度,会根据摄影机的视景为画面增加层次深度。制作时可以自由地调整雾弥散的范围、雾气的颜色,还可以为它指定贴图来控制它的不透明度。而"分层"雾是雾效的另一种特殊效果,它与"标准"雾不同,只作用于空间中的一层。对于深度和宽度,"分层"雾没有限制,雾的高度可以自由指定。例如，可以做一层白色云雾放置于天空来充当云，做一层云雾放置于水面充当水雾，甚至可以为开水表面增加一层蒸发的热气。

3. 体积雾

该选项可以对整个场景空间进行设置，也可以作用于大气装置建立的 Gizmo 物体，制作云团效果。通过"体积雾"可以产生三维空间的云团，这是真实的云雾效果，它们在三维空间中以真实的体积存在，不仅可以飘动，还可以被穿透。"体积雾"有两种使用方法，一种是直接作用于整个场景，但要求场景内必须有物体存在；另一种是作用于大气装置 Gizmo 物体，在 Gizmo 物体限制的区域内产生云团，这是一种更易控制的方法，体积雾效果如图 10.8 所示。

图 10.8 体积雾效果

4. 体积光

该选项作用于所有基本类型的灯光（天光和环境光除外），依靠灯光的照射范围决定光的体积。在 3ds Max 中，体积光提供了有形的光，不仅可以投射出光束，还可以投射色彩图像。将它应用于泛光灯，可以制作出圆形光晕、光斑；应用聚光灯和平行光，可以制作出光芒、光束及光线，体积光效果如图 10.9 所示。

图 10.9 体积光效果

10.1.5 效果编辑器

效果编辑器用于制作背景和大气效果，通过执行"渲染→效果"命令打开"环境和效果"对话框。

添加：用于添加新的特效，单击该按钮后，可以选择需要的特效。

删除：删除列表中当前选中的特效名称。

活动：选中该复选框的情况下，当前特效发生作用。

上移/下移：将当前选中的特效向上向下移动，新建的特效总是放在最下方，渲染时是按照从上到下的顺序进行计算处理的。

合并：可以从其他场景文件中的合并大气效果设置，这同时会将所属 Gizmo 物体和灯光一同进行合并。

名称：显示当前列表中的特效名称，这个名称可以自己指定，用于区别相同类型的不同特效。

1. 毛发和毛皮

在完成毛发的创建和调整之后，为了渲染输出时得到得到更好的效果，可以通过"毛发和毛皮"卷展栏对毛发的渲染输出参数进行设置，该面板提供了毛发的渲染选项、运动模糊、阻挡对象、照明等参数的设置，为最终的渲染结果提供了许多的修饰结果。

2. 模糊

通过提供 3 种不同的方法对图像进行处理，可以针对整个场景、去除背景的场景或者场景元素进行模糊，常用于创建梦幻或者摄影机移动拍摄的效果。

在"模糊参数"卷展栏中，其中包括"模糊类型""像素选择"两个选项卡，其中"模糊类型"选项卡主要包括"均匀性""方向型""径向型"3 种模糊方式，它们分别都有相应的参数设置，而"像素选择"选项卡主要设置需要进行模糊的像素位置。

3. 亮度对比度

调整图像的亮度和对比度，可以用来将渲染的场景物体匹配背景图像或者动画。

在"亮度和对比度"参数卷展栏中，通过"亮度""对比度"对场景中的图像进行调整，如果不希望调整的参数影响背景，可以勾选"忽略背景"复选框。

4. 色彩平衡

通过相邻像素之间填补过滤色，消除色彩之间强烈的反差，可以使对象更好地匹配到背景图像或者背景动画上。

在"色彩平衡参数"卷展栏中，可以通过"青/红""洋红/绿""黄/蓝"3 个色值通道进行调整，如果不想影响颜色的亮度值，可以勾选"保持发光度"复选框。

5. 景深

所谓景深，就是当焦距对准某一点时，其前后景物都能清晰的范围。它决定了对象的聚焦点平面上的对象会很清晰，远离摄影机焦点平面的对象会变得模糊不清。

10.2 环境的应用

10.2.1 案例 I——制作"火焰"效果

步骤 1：执行" → 重置 "命令，进入初始化场景。执行"创建 → 辅助对象 → 球体 Gizmo "命令，在顶视口创建一个球体线框，命名为"火焰 01"，在"球体 Gizmo 参数"卷展栏中将"半径"设置为"250"，勾选"半球"复选框。创建球体及参数设置如图 10.11 所示。

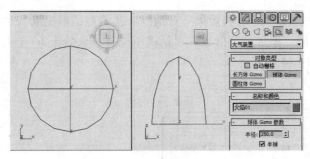

图 10.10 创建半球体"火焰 01"

步骤 2：激活前视口，在工具栏中选择 缩放工具，单击鼠标右键，在弹出的"缩放变换输入"对话框中将"绝对:局部"区域下的"Z"位置设置为"250"，"缩放变换输入"对话框如图 10.11 所示。按回车键，关闭对话框。

步骤 3：选择火焰线框，单击主工具栏中的"选择并移动工具" ，按【Shift】键，依次以"复制"的方式复制 6 个，并适当调整其位置和大小，如图 10.12 所示。

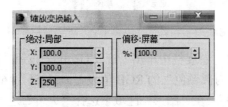

图 10.11 "缩放变换输入"对话框

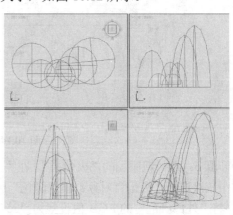

图 10.12 复制并调整半球体"火争 01"

步骤 4：执行"创建 → 摄影机 → 目标摄影机 目标 "命令，在顶视口拖拽鼠标创建一架摄影机，在右侧的"参数"卷展栏中将"镜头"设置为"24"，在透视图按【C】键，转换为摄影机时候，在其他视图调整摄影机的位置，如图 10.13 所示。

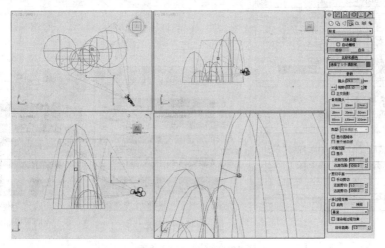

图 10.13 创建并调整摄影机

步骤5：按【F8】打开"环境和效果"对话框，在该对话框中展开"大气"卷展栏，单击"添加"按钮，在弹出的"添加大气效果"对话框中选择"火效果"，单击"确定"按钮，添加一个火焰效果，如图10.14所示。

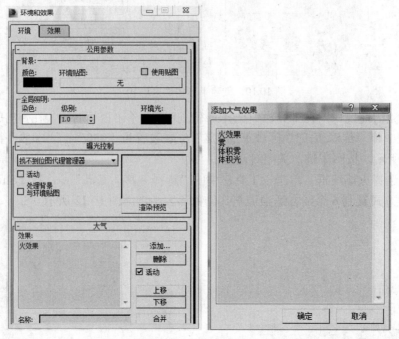

图10.14 添加火焰效果

步骤6：选择新添加的"火效果"，在"火效果参数"卷展栏中单击"拾取Gizmo"按钮并在视图中依次选择"火焰"对象；在"颜色"区域下将"内部颜色"的RGB值设置为"255""60""0"；将"外部颜色"的RGB值设置为"255""50""0"。在"图形"区域下选择"火舌"选项；在"特性"区域下分别设置"火焰大小""密度"和"采样"值为"50""15"和"10"；将"动态"区域下的"相位"值设置为"268"，将"漂移"设置为"90"，火焰参数设置如图10.15所示。

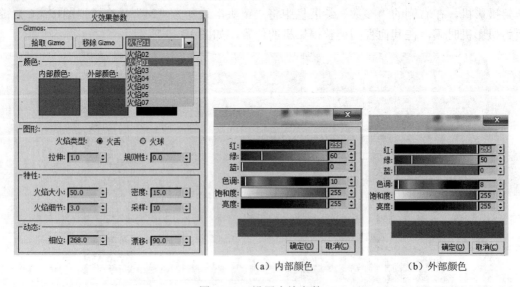

(a) 内部颜色　　　　　(b) 外部颜色

图10.15 设置火焰参数

步骤 7：单击主工具栏中的渲染按钮，对摄影机视图进行渲染，最终效果图如 10.16 所示。

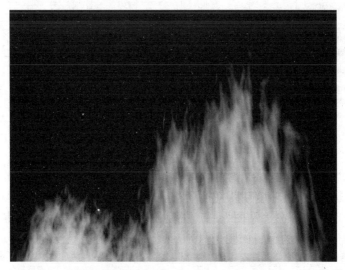

图 10.16 火焰效果

10.2.2 案例Ⅱ——制作"山中云雾"效果

步骤 1：打开"第 10 章/山中云雾/山中云雾初始.max"场景文件，如图 10.17 所示。

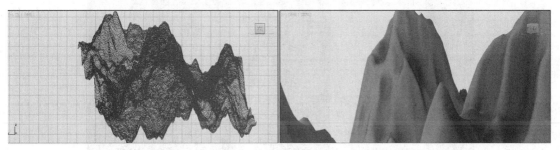

图 10.17 打开场景文件

步骤 2：执行"渲染→环境"命令，打开"环境和效果"对话框，具体操作如图 10.18 所示。

图 10.18　打开"环境和效果"对话框

步骤 3：单击"公用参数"卷展栏中背景区域中的"无"按钮，设置环境贴图，按【M】键，打开"材质编辑器"，将环境贴图拖拽到材质球上。展开"材质编辑器"中的"坐标"卷展栏，点选"环境"选项，在"贴图"右边的贴图列表中选择"屏幕"。将"偏移"中"V"值设置为"0.1"。环境贴图的编辑如图 10.19 所示。

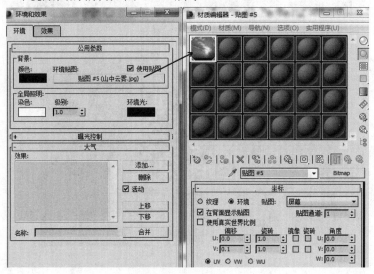

图 10.19　编辑环境贴图

步骤 4：激活摄像机视图，将视口背景设置为"环境背景"，视口背景设置如图 10.20 所示。

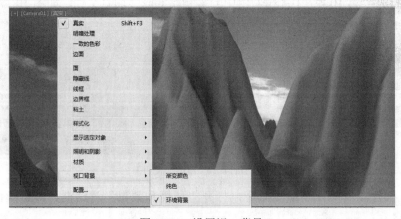

图 10.20　设置视口背景

步骤5：执行"创建❋→辅助对象◎→ 球体Gizmo "命令，在顶视口创建一个球体线框，设置"球体Gizmo参数"中的半径为"100"，勾选"半球"。创建"球体Gizmo"如图10.21所示。

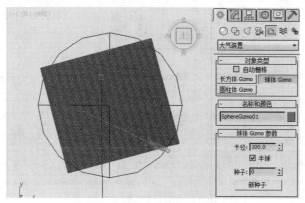

图10.21 创建"球体Gizmo"

步骤6：在前视口中，使用缩放工具，沿着Y轴进行缩放，缩放球体及参数设置如图10.22所示。

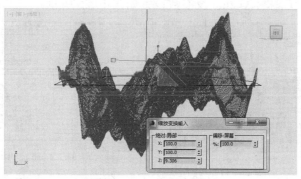

图10.22 缩放"球体Gizmo"

步骤7：选择球形线框，复制5个，然后分别缩放和调整位置，如图10.23所示。

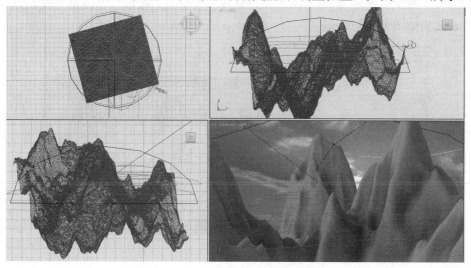

图10.23 复制、缩放、调整球形线框

步骤8：执行"渲染→环境"命令，打开"环境和效果"对话框，单击"大气"卷展栏下的"添加"按钮，在打开的对话框中选择"体积雾"，单击"确定"按钮，如图10.24所示。

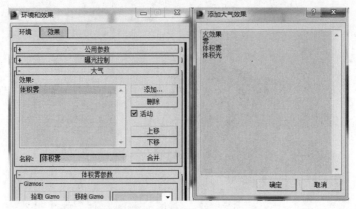

图10.24　添加"体积雾"效果

步骤9：在"体积雾参数"卷展栏中，单击"Gizmo"下的"拾取 Gizmo"按钮，再单击工具栏中的按名称选择按钮（或者按【H】键），在打开的对话框中选择全部球形线框，然后单击【拾取】按钮，拾取球体 Gizmo 及参数设置如图10.25所示。

图10.25　拾取球体 Gizmo

步骤10：在"体积雾参数"卷展栏中，将"体积"选项组下的"颜色"参数设置为"235" "235" "235"，"密度"设置为"36"；选择"噪波"类型为"分形"，"级别"设置为"4"，体积雾参数及效果如图10.26所示。

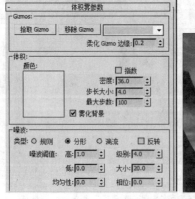

图10.26　设置体积雾参数设置及效果

本章小结

本章主要讲述了环境设置方法以及如何在场景中添加特效,以及各种特效的使用方法。其中包括火焰、云雾、各种光效的使用方法。熟练掌握特效的使用方法可以制作出具有真实气氛的场景。

课后练习

打开"第 10 章 环境和效果/课后练习/燃烧效果.max",制作如图 10.27 所示的动态燃烧效果。

图 10.27　动态燃烧效果

第 11 章 渲染

3ds Max 的创作流程一般都要遵循"建模→材质→灯光→渲染"这一基本步骤,渲染是最后一道工序,但不一定是在最后完成时才需要。渲染就是依据所指定的材质、所使用的灯光,以及诸如背景与大气等环境的设置,将在场景中创建的几何体实体化显示出来,也就是将三维的场景转为二维的图像,更形象地说,就是为创建的三维场景拍摄照片或者录制动画。

教学目标

- 掌握默认扫描渲染器的功能与使用方法
- 掌握光跟踪的功能与使用方法
- 掌握光能传递的功能与使用方法

教学内容

- 渲染工具与渲染类型
- 默认渲染器常用参数与使用方法
- 光跟踪器常用参数与使用方法
- 光能传递常用参数与使用方法

11.1 渲染工具

在"主工具栏"右侧提供了多个渲染工具,如图 11.1 所示。

渲染设置:单击该按钮可以打开"渲染设置"对话框,基本上所有的渲染参数都在该对话框中完成。

渲染帧窗口:单击该按钮可以打开"渲染帧窗口"对话框,在该对话框中不但可以显示渲染的进度和结果,还可以利用顶部提供的工具按钮完成渲染区域、渲染视口、渲染预设、保存打印图像、显示通道

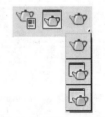

图 11.1 渲染工具集

等操作。

渲染产品：单击此按钮后，会打开虚拟帧缓存器，根据"渲染设置"对话框中的参数设置对场景进行渲染，主要用于图像或动画最终的渲染输出。

渲染迭代：迭代渲染会忽略文件输出、网络渲染、多帧渲染、导出到 MI 文件以及电子邮件通知。在图像上执行快速迭代时使用该选项。

ActiveShade（动态着色）：提供预览渲染，可帮助查看场景中更改照明或材质的效果。调整灯光和材质时，ActiveShade 窗口交互地更新渲染效果。

11.2 "渲染设置"对话框

单击渲染设置按钮可以打开"渲染设置"对话框，显示各种渲染参数设置，这是 3ds Max 默认状态下的渲染设置，如图 11.2 所示。

在"渲染设置"对话框中包含了 5 个选项卡，这 5 个选项卡根据指定的渲染器不同而有所变化，每个选项卡中包含一个或多个卷展栏，分别对各渲染项目进行设置。下面对设置为 3ds Max 默认扫描线渲染器时所包含 5 个选项卡进行简单介绍。

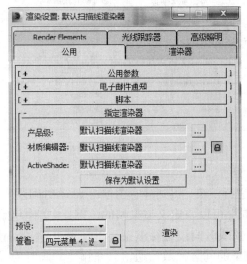

图 11.2 "渲染设置"对话框

1. 公用

此选项卡中的参数适用于所有渲染器，并且在此选项卡中进行指定渲染器的操作，共包含 4 个卷展栏：公用参数、电子邮件通知、脚本和指定渲染器。

2. 渲染器

同于根据设置指定渲染器的各项参数，根据指定渲染器不同，该面板中可以分别对 3ds Max 的默认扫描线渲染器和"mental ray 渲染器"的各项参数进行设置，如果安装了其他渲染器，这里还可以对外挂渲染器参数进行设置。

3. Render Elements

在这里能够根据不同类型的元素，将其渲染为单独的图像文件，以便于在后期软件中进行后期合成。

4. 光线跟踪器

用于对 3ds Max 的光线跟踪器进行设置，包括是否应用抗锯齿、反射或折射的次数等。

5. 高级照明

高级照明卷展栏用于选择一个高级照明选项，并进行相关参数设置。

11.3 "公用参数"卷展栏

单击渲染设置按钮 可以打开"渲染设置"对话框，"公用参数"卷展栏如图 11.3 所示。

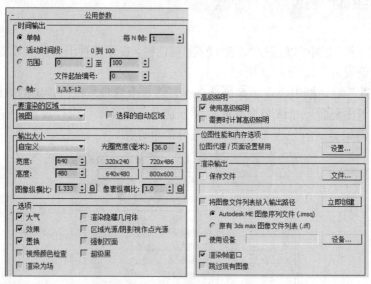

图 11.3 "公用参数"卷展栏

1. "时间输出"选项组

"单帧"即只对当前帧进行渲染，得到静态图像；"活动时间段"用于渲染场景中的所有帧，输出场景动画；选择"范围"可以自定义渲染帧的范围；"文件起始编号"用于设置渲染帧的文件名；"帧"用于指定单帧或时间段进行渲染，单帧用"，"号隔开，时间段之间用"-"连接；"每 N 帧"用于设置渲染的间隔帧数，通常只在预览动画时为了节约渲染时间才使用。

2. "输出大小"选项组

根据输出的类型，可以快速地设置渲染尺寸。

光圈宽度：设置摄影机的光圈大小；

宽度/高度：分别设置渲染图像的宽度和高度，单位为像素。

图像纵横比：设置渲染图像长度和宽度的比例，当长宽值指定后，它的值也会自动计算出来，图像纵横比=长度/宽度。

像素纵横比：为其他的显示设置设置像素的形状，用于修正渲染的动画在其他显示设备上播放时产生的变形。

在自定义尺寸类型下，如果单击它左侧的锁定按钮 ，则会固定图像的纵横比，这时对长度值的调节也会影响宽度值，对于已定义好的其他尺寸类型，图像纵横比被固化，不可调节。除了自定义方式外，3ds Max 还提供其他的固定尺寸类型，以方便有特殊要求的用户，其中比较常用的输出尺寸如图11.4所示。

3. "渲染输出"选项组

单击文件按钮 文件... ，可以打开"文件"对话框，在保存类型下拉菜单中选择任意一种文件格式，在文件名中输入文件名称，这时就可以通过设置按钮 设置... 进行文件格式的设置了，如图11.5所示。3ds Max可以以多种文件格式作为渲染结果进行保存，包括静态图像和动画文件，共计13种格式，每种格式都有其对应的参数设置。下面就比较常用的几种输出格式进行介绍。

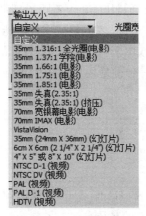
图11.4 输出尺寸列表

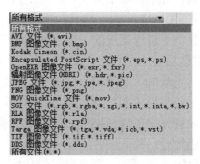
图11.5 输出文件类型

（1）AVI动画格式。

这是Windows平台通用的动画格式，当生成动画预览时，3ds Max创建一个AVI。也可以将最终输出渲染到AVI文件。尽管3ds Max通过渲染单帧TGA文件或直接渲染到数字磁盘录制器生成最高质量的输出，但是通过渲染AVI文件仍然可以获得很好的效果。

AVI文件可以采用几种方式输入到3ds Max：

- 作为动画材质输入到"材质编辑器"中。
- 作为视口背景。
- 作为在Video Post中进行合成的图像。

（2）JPEG图像文件。

JPEG（".jpeg"或".jpg"）文件遵循联合图像专家组设置的标准。由于在提高压缩比率时会损失图像质量，因此这些文件要使用称为有损压缩的变量压缩方法。不过，JPEG压缩方案非常好，在不严重损失图像质量的情况下，有时可以将文件压缩高达200:1的比例。因此，JPEG是一种用于Internet的普遍使用的格式，可以使文件大小和下载时间降至最低。

（3）PNG图像文件。

PNG（可移植网络图形）是针对Internet和万维网开发的静态图像格式。

（4）RPF图像文件。

RPF（Rich Pixel格式）是一种支持任意图像通道的格式。通过RPF文件设置对话框，可以选择用于输出图像的通道。

（5）TGA图像文件。

TGA图像文件是早期的真彩色图像格式，有16Bit、24Bit、32Bit等多种颜色级别，它可以带有8Bit的Alpha通道图像，还可以进行文件压缩处理（无损质量），广泛用于单帧或者序列图片。

（6）TIF 图像文件。

TIF 格式是苹果系统和桌面印刷行业标准的图像格式，有黑白和真彩色之分，它会自动携带 Alpha 通道图像，成为一个 32Bit 的文件。在 3ds Max 中，TIF 文件不但包括了 Packbits 压缩处理功能，而且可以渲染带有 Alpha、亮度和 UV 颜色坐标信息的文件。当然在 Photoshop 中也可以对 TIF 文件进行数据压缩保存，这种压缩后的 TIF 文件可以被 3ds Max 读取，但要注意只有 RGB 模式下的 TIF（包括 JPG）图像才能被 3ds Max 读取，而 CMYK 模式下的任何图像格式，3ds Max 都不接受。

对于静态图像，建议使用 TIF 或 TGA 格式，他们不进行质量压缩，又都可以携带 Alpha 通道图像，几乎所有图像经软件处理后都可以读取，对 Photoshop 来说，TIF 格式文件可能更好一些。

对于动画，有两种输出类型，一种是为了应用于电视或电影，它要求绝对的品质，因此应使用逐帧的 TGA 或 TIF 图像格式，但不要压缩得太过；另一种是为了应用于电脑游戏和多媒体，这是计算机上进行播放的，所以输出 AVI 格式最好。

4．开关选项

大气：对场景的大气效果进行渲染，如"雾""体积光"等。

效果：对场景设置的特殊效果进行渲染，如"镜头效果"等。

置换：对场景中的置换贴图进行渲染计算。

视频颜色检查：检查图片中是否有像素的颜色超过了 NTSC 制或 PAL 制电视的阈值，如果有超过阈值的像素颜色，则将对它们作标记或转化为允许的范围值。

渲染为场：当为电视创建动画时，设定渲染到电视的扫描场，而不是帧。如果将来要输出到电视，必须考虑是否要开启此项，否则画面可能会出现抖动现象。

强制双面：如果将对象内外表面都进行渲染，会减慢渲染速度，但能够避免因法线错误而造成不正确的表面渲染。如果发现有法线异常的错误（如镂空面、闪烁面），最简单的解决方法就是开启该选项。

11.4 默认扫描渲染器

单击"渲染设置"窗口的"渲染器"选项卡，展开"默认扫描线渲染器"卷展栏，如图 11.6 所示。

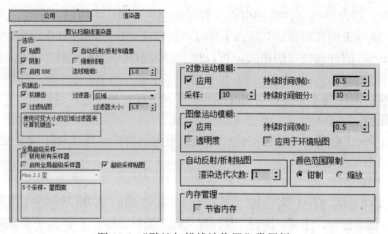

图 11.6 "默认扫描线渲染器"卷展栏

"选项"选项组：用于设置渲染输出选项，只有勾选的选项，才可以渲染输出。

"抗锯齿"选项组：抗锯齿功能能够平滑渲染斜线或曲线上所出现的锯齿边缘。测试渲染时可以将它关闭，以加快渲染速度。

"过滤器"选项：在下拉列表指定抗锯齿滤镜的类型，重要的有以下几种：

（1）区域：使用尺寸变量区域滤镜计算抗锯齿，是默认的抗锯齿类型。

（2）立方体：使用25像素滤镜锐化渲染输出对象，同时有明显的边缘增加效果，它的特点是在抗锯齿的同时使图像边缘锐化。

（3）Mitchell-Netravali：在"环"和"各向异性"两种滤镜之间逆向交替模糊。

（4）视频：25像素的模糊滤镜，可以优化PAL和NTSC制式的视频软件。

"全局超级采样"选项组：启用此参数组中的选项可以对全局采样进行控制，而忽略各材质自身的采样设置。

"启用全局超级采样器"选项：启用该选项后，将对所有的材质应用相同的超级采样器。禁用该选项后，将材质设置为使用全局设置，该全局设置由渲染对话框中的设置控制。启用这个选项之后，可以选择几种常用的采样方式。比较常用的是"Max 2.5星"，它是默认的全局超级采样器类型。它的原理是：像素中心的采样是对它周围的4个采样取平均值，此图案就像一个5个点的小方块。

"对象运动模糊"选项组：用于渲染时对对象运动模糊进行设置。勾选"应用"后，可以渲染物体的运动模糊。

"持续时间"选项：设置摄影机快门开启的时间，数值越大，运动模糊的效果就越强烈。

"自动反射/折射贴图"选项组中的"渲染迭代次数"：用于控制反射/折贴图的反射次数，数值越高，反射、折射的效果越真实，但是渲染时间也会成倍增加。

案例——渲染器的应用

步骤1：打开"第11章/黄叶纷飞/黄叶纷飞初始.max"场景文件。场景中使用粒子系统制作了黄叶飘落的动画效果，如图11.7所示。

图11.7 "黄叶纷飞初始.max"场景

步骤2：采用预览渲染的方式测试动画效果。执行"工具→视图→抓取视口→创建预览动画"命令，打开"生成预览"对话框，如图11.8所示。在"预览范围"选项组勾选"自定义范围"选项。在"输出"选项中单击"AVI"右侧的按钮，在弹出的"视频压缩"对话框中设置压缩程序。最后单击"创建"按钮进行渲染，渲染结束后系统自动播放动画。这种渲染方式会忽略场景中的材质和灯光的设置，渲染的效果与视图中的显示相同，因此渲染速度非常快。

步骤 3：单帧渲染方式测试场景中的灯光和材质效果。激活摄影机时候，按【F10】键打开"渲染设置"对话框，然后切换到"渲染器"选项卡，在"全局超级采样"选项组中勾选"启用全局超级采样器"开启超级采样。按【F9】键对场景进行渲染，效果如图 11.9 所示。

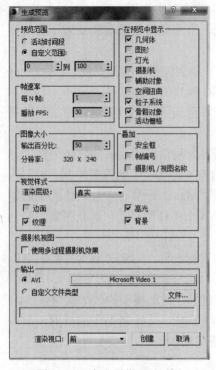

图 11.8 "生成预览"对话框　　　　　　　图 11.9 单帧渲染后效果

步骤 4：渲染动画。按【F10】键，打开"渲染设置"对话框，切换到"公用"选项卡，在时间输出选项组中勾选"活动时间段"复选框，在输出大小选项组中单击【800×600】按钮设置渲染尺寸，如图 11.10 所示。

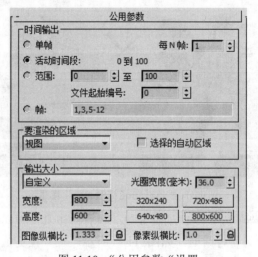

图 11.10 "公用参数"设置

步骤 5：在"渲染输出"选项组中单击【文件】按钮，打开输出文件对话框。在"保存在"

下拉列表中选择和设置动画保存的路径，在"文件名"下拉列表中输入动画的文件名。在"保存类型"下拉菜单中选择动画的格式，单击"保存"按钮，设置压缩器，最后单击【确定】按钮，如图11.11所示。

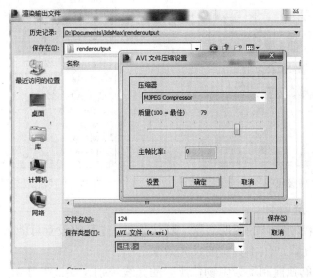

图11.11 "渲染输出"对话框

步骤6：单击渲染设置窗口下方的【渲染】按钮对动画进行渲染输出。

11.5 "高级照明"选项卡

11.5.1 光跟踪器

"光跟踪器"是一种使用"光线跟踪"技术的全局照明系统，它通过在场景中进行点采样并计算光线的反弹（反射），从而创建较为逼真的照明效果。光跟踪器经常与天光结合使用。

单击渲染设置按钮，打开"渲染设置"对话框，单击"高级照明"选项卡，展开"选择高级照明"卷展栏，在下拉列表中可以选择"光跟踪器"或者"光能传递"渲染器，如图11.12所示。选择"光跟踪器"，其参数卷展栏如图11.13所示。

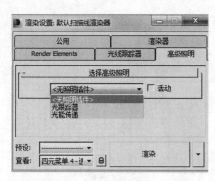

图11.12 "高级照明"选项卡

图11.13 "光跟踪器:参数"卷展栏

1. "常规设置"选项组

全局倍增：用于控制整体的照明级别，默认为1，过高的设置可能会导致表面反射出比实际收到的光线更多的光，产生不真实的发光效果；

对象倍增：用于单独控制场景中物体反射的光线级别，默认为1.0，只有在"反弹"值大于等于1的情况下，此项设置才有明显的效果；

天光：将会对天光进行再聚集处理，右侧的数值表示天光的强度；

颜色溢出：用于控制颜色溢出的强度，"反弹"值大于等于1时此项设置才有明显的效果；

光线/采样：设置每个采样点投射的光线数量，数值越大得到的效果越平滑，但同时会增加渲染时间；

颜色过滤器：过滤所有照射在物体上的光线，设置为白色以外的颜色时，可以对全部效果进行染色，默认为白色；

过滤器大小：主要用于降低噪波的影响，类似于对噪波进行融合处理；

附加环境光：用于设置物体的环境色；

光线偏移：调整反射光线的位置，用于校正渲染失真；

反弹：用于设置追踪光线反弹的次数，增加数值能够增加颜色溢出的程度，降低数值能够加快渲染速度，但图像的精度会降低，亮度会很暗；

锥体角度：用于设置投射光线的分布角度，通过参数可以控制阴影的投射范围；

体积：可以将大气特效作为光源，数值越大，大气特效的发光越强烈。

2. "自适应欠采样"选项组

初始采样间距：用于设置对图像进行初始采样时的网络间距，数量越大采样的间隔也就越大；

细分对比度：设置对比度阈值，用于决定何时对区域进行进一步的细分；

向下细分至：用于设置网格细分的最小间隔；

显示采样：采样点的位置会渲染为红点，用于显示场景的采样情况。

11.5.2 光能传递

光能传递是一种能够真实模拟光线在环境中相互作用的全局照明渲染技术，它能够重建自然光在场景对象表面上反弹，从而实现更为真实、精确的照明结果。

光能传递的工作原理：先将对象的原表面分为细小的网格表面，称为网格元素（Elementa），然后从一个网格元素到另一个网格元素计算光的分布数量，并将最终的光能传递值记录在每个网格元素当中，这一过程不断重复下去，直到两次迭代间的场景照明差异低于指定的质量级别。光线由光源射到表面，反射为多条漫反射光线。将表面进行细分可以提高求解精度。

1. 光能传递渲染流程

光能传递求解计算主要分为 3 个步骤。

第 1 步：定义处理参数。

设置整个场景的光能传递处理参数，虽然只是几秒钟的操作，却决定着整个求解过程的速度和品质。

第 2 步：进行光能传递求解。

这一步是由计算机完成的，自动计算场景中光线的分布，包括直接照明和间接的漫反射照明。计算过程可能相当漫长，往往超过对图像的渲染时间，但其实也是有技巧可寻的，比如光在传递过程中是以能量衰减的形式进行的，但在计算机中可以根据需要进行设置。

第 3 步：优化光能传递处理。

在光能传递的求解过程中，可以随时中断计算，重新对不满意的材质或光源进行调节（但不能对几何模型的形状和位置进行大的改动），然后继续进行光能传递求解。

对于有动画设置的场景，如果只是摄影机运动，那么对象之间的相对关系没有改变，光能传递只需要在第 1 帧进行求解就可以了；对于对象、灯光或材质会发生很大变动的场景，会使整个场景的光线分布也随之产生变化，所以需要逐帧重新进行光能传递计算，但这样会增加渲染时间。

2. 光能传递渲染器参数

（1）"光能传递处理参数"卷展栏。

在"选择高级照明"卷展栏中选择"光能传递"选项后，该卷展栏下面会显示"光能传递处理参数"卷展栏，如图 11.14 所示。

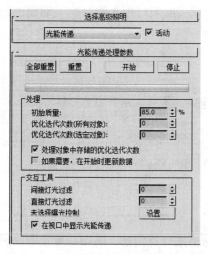

图 11.14 "光能传递处理参数"卷展栏

全部重置：用于清除上一次光能传递计算记录在光能传递控制器中的场景信息。重置：只将记录的灯光信息从光能传递控制器中清除，而不清除几何体信息；单击"开始"按钮可进行光能传递求解；单击"停止"按钮可停止光能传递求解，也可按下键盘上的【Esc】键停止光能传递求解。

"处理"选项组。初始质量：它所指的品质是能量分配的精确程度，而不是图像分辨率的质量。数值越高，能量分配就平均，但即使是相当高的初始质量设置，仍可能出现相当明显的差异。这些差异可以通过后面的求解步骤解决。提高初始质量不能明显提高场景的平均亮度，但能够降低场景内不同表面上的偏差。

优化迭代次数（所有对象）：设置整个场景执行优化迭代的程度，该项可以提高场景中所有对象的光能传递品质。可以解决经常出现的黑斑和漏光等现象。

处理完优化迭代之后，"初始质量"就不能再进行更改了，除非按下"重置"或"全部重置"按钮。

"交互工具"选项中组。直接灯光过滤：通过用周围的元素均匀化直接照明级别来降低表面元素间的嘈波数量。通常指定在3或4比较合适，因此设置得过高，可能会造成场景细节的丢失。由于"直接灯光过滤"命令是交互式的，因此可以实时地对结果进行调节。

（2）"光能传递网格参数"卷展栏。

3ds Max 进行光能传输计算的原理是将表面重新网格化，这种网格化的依据是光能在表面的分布情况，而不是在三维软件中产生的结构线划分。"光能传递网格参数"用于控制光能传递网格的创建以及其大小，网格分辨率细分得越细，照明细节将越精确，但时间和内存占用越多。"光能传递网格参数"卷展栏如图 11.15 所示。

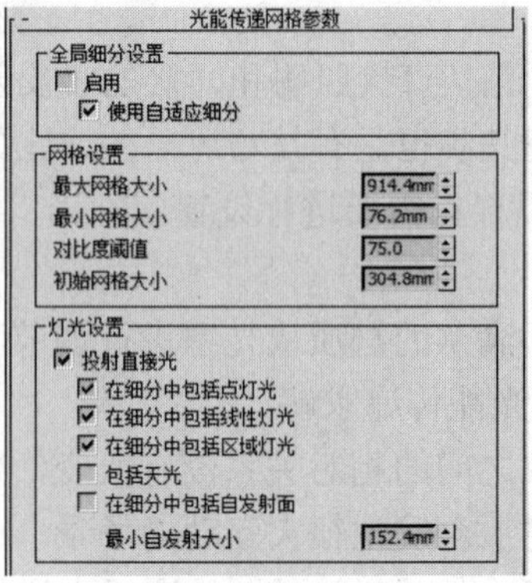

在"全局细分设置"选项组中，勾选"启用"项，则全部场景使用网格化，进行快速测试时应关闭此选项。"使用自适应细分"用于启用和禁用自适应细分，默认设置为启用。

"网格设置"选项组。最大网格大小：自适应细分之后最大面的大小，禁用自适应细分后，该参数用于设置光能传递网格的大小，光能传递网格的尺寸越小，照明细节越精确，但是会消耗更多的时间和内存。最小网格大小：自适应细分之后最小面的大小。对比度阈值：用于细分具有顶点照明的面，顶点照明因多个对比度阈值设置而异。初始网格大小：改进画面图形之后，不对小于初始网格大小的面进行细分。

图 11.15 "光能传递网格参数"卷展栏

"灯光设置"选项组。投射直接光：根据以下选项的取用与否来分析计算场景中所有对象上的直射光，默认设置为启用。在细分中包括点灯光、在细分中包括线性灯光、在细分中包括区域灯光、包括天光：用于设置投射直射光时是否使用该种灯光。在细分中包括自发射面：用于控制投射直射光如何使用自发射面。最小自发射大小：计算其照明时用来细分自发射面的最小值。

（3）"灯光绘制"卷展栏。

"灯光绘制"卷展栏如图 11.16 所示。通过灯光绘制工具可以手动控制阴影和照明区域。强度：用于设置照明强度。压力：用于指定添加或者移除照明处理的采样能量百分比；：在选定物体的节点处添加照明；：在选定物体的节点处删除照明；：从选定的表面采样照明量； 清除：清楚全部手动附加的光照效果。

图 11.16 "灯光绘制"卷展栏

（4）"渲染参数"卷展栏。

"渲染参数"卷展栏如图 11.17 所示。

重用光能传递解决方案中的直接照明：根据光能传递网格来计算阴影，阴影的质量取决网格的细分程度。这种方式得到的阴影效果较差，但是渲染速度较快。

渲染直接照明：首先渲染直接照明的阴影效果，然后添加光能传递求解的间接照明效果，这是光能传递默认的渲染方式。

"重聚集间接照明"选项组。每采样光线数：用于设置每次采样光线的数量，数值越高得到的光照效果就越好，但是也会成倍增加渲染时间。过滤器半径（像素）：通过平均相邻采样值来减少光噪。钳位值：设置重聚过程中亮度的上限，避免亮斑的出现。

"自适应采样"选项组。初始采样间距：设置图像最初的采样间隔。细分对比度：通过对比度测试细分的范围，增大它的数值，会减少细分的发生，减少会增加无用细分。向下细分至：设置细分的最小间隔，值越少，采样越精确。显示采样：渲染时显示出红色的采样点，用于显示场景的采样情况。

（5）"统计数据"卷展栏。

"统计数据"卷展栏显示的是光能传递当前状态的系统信息，如图11.18所示。

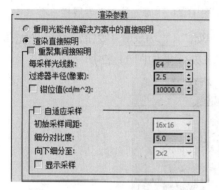

图11.17 "渲染参数"卷展栏

图11.18 "统计数据"卷展栏

11.6 高级照明的应用

案例——光能传递的应用

步骤1：打开"第11章渲染/简约室内场景/简约室内场景初始.max"，场景中已经建立了摄影机和一盏目标平行光，阴影类型设置为"光线跟踪阴影"，光线通过窗户照射到室内，如图11.19所示。除了光线直接照到的地方，其他地方一片漆黑，需要通过"光能传递"将透过窗户的光线在屋内进行反弹，对其他地方形成均匀的间接光照效果。

图11.19 "简约室内场景初始.max"场景

步骤2：执行"渲染→光能传递"命令，将高级照明设置为"光能传递"方式，如图11.20

所示。高级照明方式设置为"光能传递"以后，系统自动会在"环境和效果"窗口中添加"对数曝光控制"为曝光控制方式。"曝光控制"卷展栏如图 11.21 所示。

图 11.20 "高级照明"设置为"光能传递"

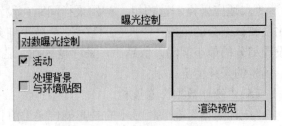
图 11.21 "曝光控制"卷展栏

步骤 3：单击"光能传递处理参数"卷展栏中的"开始" 开始 按钮，进行光能传递解算。完成后，再单击渲染设置下方的"渲染"按钮，渲染效果如图 11.22 所示。

图 11.22 "光能传递"默认参数解算后的效果

步骤 4：从上面的效果图看出，模型精度不够、对象之间产生交叉或者网格精度不够都会产生黑斑现象。在"处理"选项组中将"优化迭代次数（所有对象）"设置为"10"，可以发现渲染时间增加，枕头上的黑斑消失了，具体效果如图 11.23 所示。

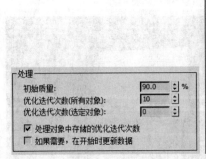

图 11.23 设置"优化迭代次数（所有对象）"后的效果

步骤 5：展开"光能传递网格参数"卷展栏，勾选"全局细分设置"选项组中的"启用"项，将"最大网格大小"设置为"18"，"最小网格大小"设置为"8"，"初始网格大小"设置为"8"，"光能传递网络参数"卷展栏如图 11.24。"简约室内场景"最后效果如图 11.25 所示。

第11章 渲染

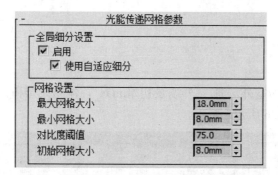

图11.24 "光能传递网格参数"卷展栏

图11.25 "简约室内场景"最后效果图

本章小结

本章介绍了3ds Max 2015中默认扫描线渲染器的工作流程以及各种详细参数设置，包括渲染器面板的基本组成、渲染输出的相关知识以及抗锯齿采样等参数使用方法与技巧，通过渲染基础案例讲解了默认渲染器的用法，最后通过简约室内场景案例讲解"光能传递"的使用方法。

课后练习

打开"第 11 章 渲染/室外场景/室外场景初始.max",建立天光和目标平行光,并设置光线跟踪参数,效果如图 11.26 所示。

图 11.26 "室外场景"最终效果

提示:设置光跟踪器中的"附加环境光""反弹";自适应欠采样中的"初始采样间距"和"向下细分至";目标平行光设置阴影,调整好平行光参数以及阴影参数。

第12章 三维动画基础

动画是基于眼睛视觉创建的一系列连续快速画面，人会感觉这是一组不间断的动作，其中的每张画面称作"帧"。在以前的动画制作中，需要一帧一帧去绘画，化费精力比较大，随着技术的发展，现在我们只要记录相关的关键帧，中间过渡的帧即可由软件自行计算生成。

教学目标

- 了解动画制作的原理
- 掌握关键帧动画设置
- 掌握粒子动画的制作

教学内容

- 动画制作的软件硬件
- 关键帧动画设置
- 曲线编辑器的运用
- 运动面板的应用

12.1 动画制作基础

12.1.1 动画制作工具

三维动画的制作工具分软件和硬件两类。软件包括前后期两个部分，前期的软件有 3ds Max、Maya、Softimage、Mudbox、Zbrush、Photoshop 等，后期的有 After Effects、Premiere、Fusion、Nuke 等。硬件主要是专业的工作室硬件，大致有工作站电脑、WACOM 绘图仪、录音室、非编系统，更专业的配备动作捕捉仪等体感设备。

12.1.2 动画控制区

动画播放时间的基本单位是"帧",一帧就是一幅图像。3ds Max 2015 中提供了不同播放媒体的帧率。默认帧率是 NTSC 视频,每秒 30 帧,还可以选择电影帧率,每秒 24 帧或者 PAL 帧率每秒 25 帧,也可以自定义帧速。动画操作界面在 3ds Max 界面下方,包括时间滑块、动画控制按钮和播放按钮,如图 12.1 所示。

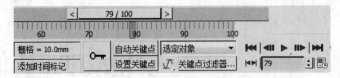

图 12.1 动画控制及播放按钮

(转到开头):返回到动画的开始帧;

(上一帧):将时间滑块向前移动一帧,如果当前帧是最后一帧,则移动到第 0 帧。

(播放动画):在当前激活视图中播放动画;

(下一帧):将时间滑块向后移动一帧,如果当前帧是第 79 帧,则移动到第 80 帧。

(转到结尾):进入到动画的结束帧。

(关键点模式切换):按钮处于激活状态时, (上一帧) (下一帧)按钮将变为 (上一关键点)/ (下一关键点)。连同时间滑块两侧的箭头按钮,含义都发生了改变,由逐帧的移动变为了关键点之间的移动,这有助于对关键点进行修改。

(当前帧数信息)在数值框中输入数值,使时间滑块直接移动到指定的帧数。

12.1.3 动画时间设置

3ds Max 的动画时间设置可以通过单击右下角的"时间配置"按钮 来设置。如图 12.2 所示。

"时间配置"对话框分成 5 个部分,包括"帧速率"选项组、"时间显示"选项组、"播放"选项组、"动画"选项组、"关键点步幅"选项组。

"帧速率"选项组用来设定动画播放使用哪种速率计时方式,只要开启"实时"控制,系统会根据帧速率来播放动画。如果达不到连续播放要求,将会在保证时间的前提下减帧播放,会有跳格的感觉。

NTSC:NTSC 制式也被称为"国家电视标准委员会"制式,是北美、大部分中南美国家、日本和中国台湾所使用的电视标准的名称,帧速率为每秒 30 帧。

PAL:PAL 制式也称为"相位交替式"制式,是大部分欧洲国家使用的视频标准,中国和新加坡等国家也使用这种制式。PAL 制式帧速率为每秒 25 帧。

电影:电影胶片的计数标准,它的帧速率为每秒 24 帧。

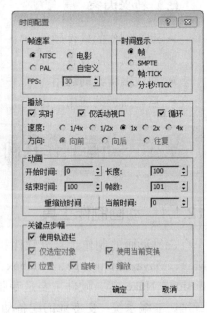

图 12.2 "时间配置"对话框

自定义：勾选此选项，可以在其下的 FPS 输入框中输入自定义的帧速率，它的单位为"帧/秒"。例如，在计算机上播放动画，帧速率最低可以设置为每秒 12 帧。自定义制式可以由用户自定义帧速率，以适合一些特殊场合的播放需求。

12.1.4 关键帧的编辑

关键帧的编辑可以通过两种方式：自动关键帧和手动关键帧。自动关键帧可以单击时间滑块下的"自动关键点"按钮 自动关键点 ，这时按钮会变成红色，便可以对模型作出相应变动，软件会自动记录变动的数据在关键帧上。如果是创建手动关键帧，则单击"设置关键点"按钮 设置关键点 ，此时对模型作出相应变动后，再单击"设置关键点"按钮 ～ ，便可记录变动的数据在关键帧上。对于关键帧需要记录的数据类型，我们可以通过单击"关键点过滤器"按钮 关键点过滤器... ，进入"设置关键点过滤"对话框，将需要的打勾，不需要的则不选关键帧过滤设置，如图 12.3 所示。

图 12.3　关键帧过滤设置

12.2　动画制作案例

12.2.1 案例Ⅰ——制作"飞机飞行"动画

步骤 1：打开"第 11 章/飞机/飞机初始.max"场景文件，在顶视口中用样条线或 NURBS 曲线画一条平滑的曲线，如图 12.4 所示。

步骤 2：选择飞机模型，执行"动画→约束→路径约束"，这时会从飞机模型延伸出虚线，移动鼠标至曲线，当出现十字叉图标时单击，飞机模型就沿路径运动了。但此时飞机只向着 Y 方向，并没有沿曲线运动方向运动。单击运动面板 ，在"路径参数"卷展栏下勾选"跟随"，轴选择"Y"，这样飞机就会沿曲线的方向运动，如图 12.5 所示。

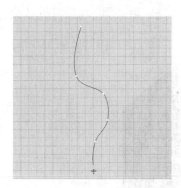

图 12.4　飞机轨迹曲线

图 12.5　飞机沿曲线运动

12.2.2 案例Ⅱ——制作"灯光舞动"动画

关于灯光舞动的效果，我们可以考虑使用聚光灯和体积光来表现，同时使用关键帧记录光源目标点位移的变换。

步骤1：在场景中创建两盏聚光灯，调整大致位置和角度如图12.6所示。

步骤2：在修改面板中"常规参数"卷展栏的"阴影"选项组中勾选"启用"项，在"大气和效果"卷展栏中单击"添加"按钮 添加 ，选择"体积光"。在"强度/颜色/衰减"卷展栏中设置"倍增"值为"1"，远距衰减"开始"值为"20"，"结束"值为"400"。在"聚光灯参数"卷展栏中设置"聚光区/光束"值为"15"，"衰减区/区域"值为"45"，注意本参数仅是参考值，可根据实际情况进行调整，聚光灯参数设置如图12.7所示。

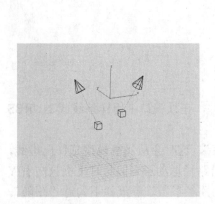

图12.6 两盏聚光灯

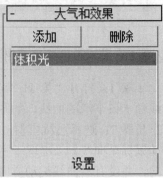

图12.7 聚光灯参数设置

步骤3：在场景中创建一个白色平面作为地面，观察灯光照射效果，场景灯光效果如图12.8所示。

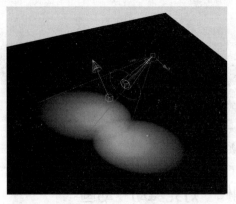

图12.8 场景灯光效果预览

步骤 4：选择其中一盏聚光灯，单击"自动关键点"按钮 自动关键点 ，将时间滑块拖到第 0 帧，单击"设置关键点"按钮 ，在第 0 帧创建一个关键帧。以相同方法在第 100 帧创建一个关键帧，这样开始帧和结束帧是相同的，便可形成一个循环，如图 12.9 所示。

图 12.9　设置开始帧和结束帧两个关键帧

步骤 5：分别把时间滑块拖到 20、46、71 帧，随意拖到目标聚光灯的目标点控制器的位移，这样便可自动记录这 3 帧的关键帧。以同样的方法设置第 2 盏聚光灯，目标点的位移可以随机。最终灯光效果如图 12.10 所示。

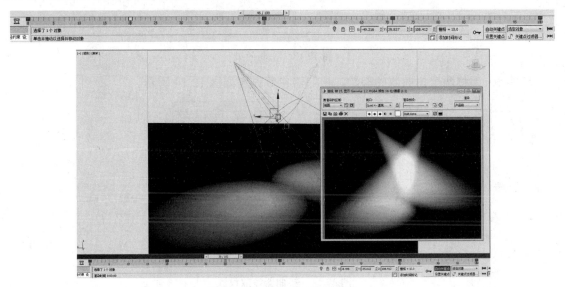

图 12.10　灯光动画效果预览

12.2.3　拓展练习——制作"海水波动"动画

本例使用空间扭曲命令对模型进行变换，令平面产生随机性扭曲来模拟海水波动效果。
步骤 1：在场景中创建一个平面，长宽的分段均是"50"，具体参数设置如图 12.11 所示。
步骤 2：在创建面板中单击"涟漪"按钮并在场景中创建它，"涟漪"按钮如图 12.12 所示。

图 12.11　平面参数

图 12.12　"涟漪"按钮

步骤 3：选择两个"涟漪"空间扭曲器，单击工具栏上的"绑定到空间扭曲"按钮 ，按定鼠标左键从扭曲器上拖动到平面上，令平面产生扭曲效果，扭曲效果如图 12.13 所示。

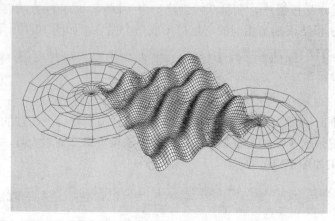

图 12.13　扭曲效果

步骤 4：调整两个扭曲器的参数，扭曲器参数设置如图 12.14 所示。

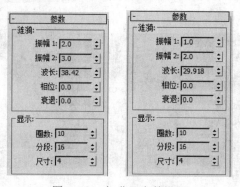

图 12.14　扭曲器参数设置

步骤 5：打开"自动关键点"按钮 自动关键点，将时间滑块调至第 100 帧，选择第 1 个扭曲器填相位为"2"，选择第 2 个扭曲器填相位为"1"，海平面会随着扭曲器相位变化而变化。最后关闭"自动关键点"按钮，播放动画，海水模型动画效果如图 12.15 所示。

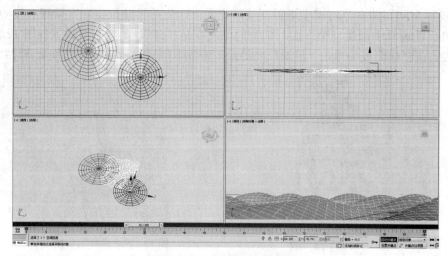

图 12.15　海水模型动画效果

12.3 粒子系统

粒子系统包含了 3ds Max 的粒子类型，结合其他命令事件可以发挥粒子更好的效果，它可以实现普通模型实现不了的特殊效果。

12.3.1 粒子系统的分类

3ds Max 2015 的粒子分为 5 类：粒子流源、喷射、雪、暴风雪、粒子阵列、粒子云，如图 12.16 所示。

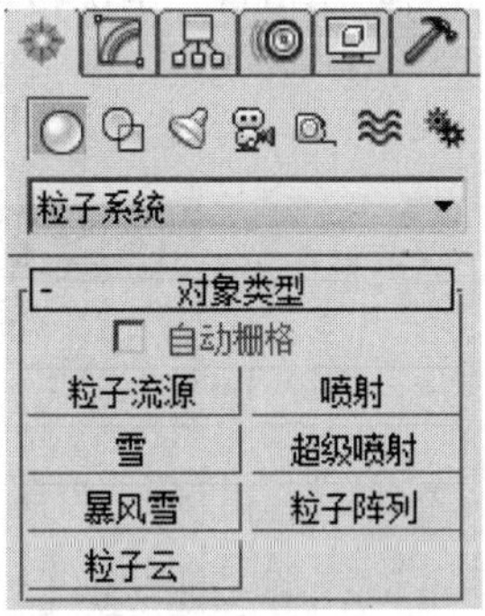

粒子流源：可作为默认的粒子发射器，带有图标形状，可以改变其形状。粒子源流是每个粒子流的视口，通常用来控制粒子流事件。

喷射：喷射粒子群，通常用来模拟自然界液体流动，如雨水、喷泉、水滴等效果。

雪：模拟下雪或下落的纸屑，它与喷射类型的粒子相似，但它具有雪花自由旋转的参数，渲染更逼真。

超级喷射：在"喷射"的基础上增加了所有新类型粒子的功能，效果更真实。

暴风雪："雪"粒子的增强版。

图 12.16　粒子类型

粒子阵列：可以在模型上生成实体碎片及在模型上发射粒子。

粒子云：模拟水滴及云雾效果，与上面提到的水滴不同的是，它能模拟结合在一起及分离的水滴动画，而不是简单的水滴粒子。

12.3.2 粒子系统参数设置

粒子系统的参数起着控制整体及调整细节效果的作用，每个不同类型的粒子都有自己独特的参数，而大部分参数都是有常用而有共通点的，下面我们以"超级喷射"为例来了解这部分常用参数的设置，粒子基本参数设置如图 12.17 所示。

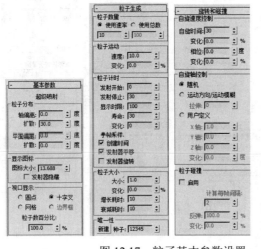

图 12.17　粒子基本参数设置

12.4 粒子动画案例

12.4.1 案例 I——制作"雪花飘落"动画

我们可以先创建一个单一的"雪花"模型,并替换所有粒子,再设置适合的粒子运动属性。

步骤 1:在前视口创建一个等长宽的相等的平面,将素材贴图"snow.png"赋予布林材漫反射和不透明度通道,勾选"双面",同时在"位图参数"卷展栏的"单通道输出"选项组中选中"Alpha"单选按钮,雪花材质参数设置如图 12.18 所示。

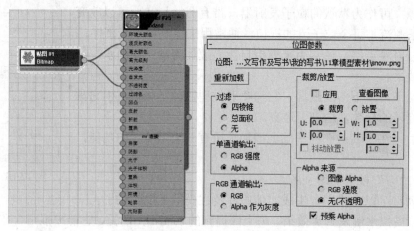

图 12.18 雪花材质参数设置

步骤 2:在场景中创建"暴风雪"粒子,拾取"雪花"平面替代所有粒子,雪花粒子参数设置如图 12.19 所示。

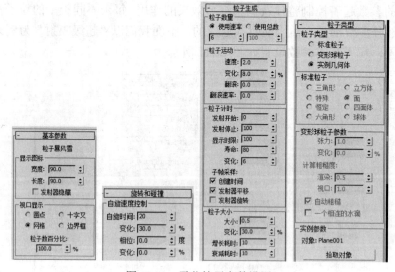

图 12.19 雪花粒子参数设置

步骤 3：在透视图中取一较好的角度，按【Ctrl+C】键创建一摄像机的同时，也将透视图转化为摄像机视图，创建摄像机及效果如图 12.20 所示。

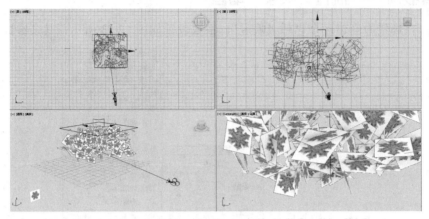

图 12.20　创建摄像机及效果

步骤 4：选择摄像机，令摄像机渲染产生景深效果，调整参数如图 12.21 所示，其余参数保持默认。注意图中参数仅是参考值，具体视场景大小而定。

图 12.21　摄像机景深参数设置

步骤 5：按【F10】键弹出"渲染设置"对话框，输出大小选择"70mm"宽银幕电影，渲染具体参数设置和效果如图 12.22 所示。

图 12.22　渲染具体参数设置和效果

12.4.2 案例Ⅱ——制作"喷泉"动画

步骤1：在场景中创建一个"超级喷射"，参数设置如图12.23所示，其余参数保持默认。

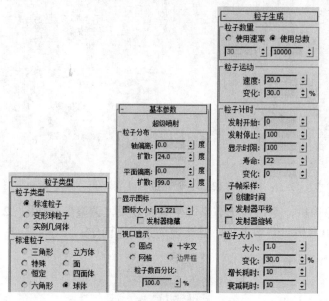

图12.23 超级喷射粒子参数

步骤2：在场景中创建一个"重力"，参数保持默认，并使用"绑定到空间扭曲"工具 绑定到粒子发射器上，粒子便会受到重力影响产生向上再下落的动画，"重力"参数设置及效果如图12.24所示。

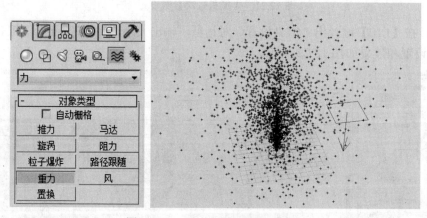

图12.24 "重力"参数设置及效果

步骤3：给粒子水滴设置材质。创建一布林材质，反射通道添加"光线跟踪"贴图，折射通道添加"反射/折射"贴图，将材质赋予给粒子发射器，具体参数设置如图12.25所示。

步骤4：按案例Ⅰ的方法创建摄像机，再按【F10】键在"指定渲染器"下选择"mental ray 渲染器"；选择"渲染器"标签，在摄影机效果下设置运动模糊参数，具体参数设置如图12.26所示。最后渲染效果如图12.27所示。

第12章 三维动画基础

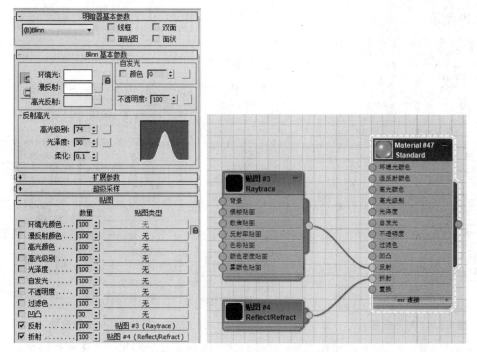

图 12.25 水滴粒子材质

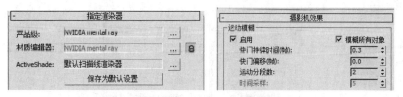

图 12.26 渲染器参数设置

图 12.27 粒子喷泉渲染

12.4.3 拓展练习——制作"礼花绽放"动画

本例主要使用粒子繁殖来实现礼花的效果，其余部分参数和前两例相似。

步骤 1：设置"时间配置"参数，模式为"电影"，将时间设置为"200"帧，如图 12.28 所示。

步骤 2：在场景中创建一个"粒子云"粒子，让粒子只发射 10 发"礼花"，具体参数设置

245

如图 12.29 所示。

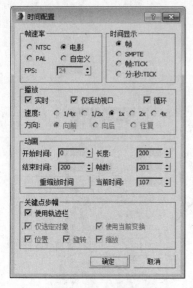

图 12.28 时间配置

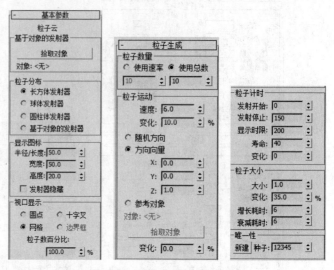

图 12.29 粒子云具体参数设置

步骤 3：设置参数令粒子消失后产生新的粒子，模拟礼花的效果，具体参数设置如图 12.30 所示。

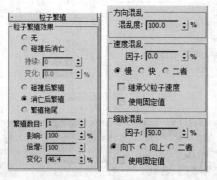

图 12.30 "粒子繁殖"参数设置

步骤 4：给粒子设置材质，创建一个布林材质，将"粒子年龄"贴图连接到"漫反射颜色"通道中，给予适当自发光值，并设置"粒子年龄"贴图的三个颜色为红（R255，G12，B0）、黄（R255，G226，B34）、绿（R182，G255，B103），具体参数设置如图 12.31 所示。

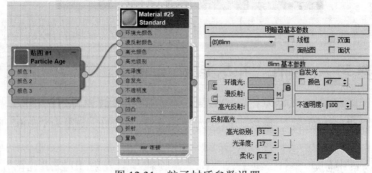

图 12.31 粒子材质参数设置

步骤 5：现在添加后期特效，右键单击粒子发射器，在弹出的快捷菜单中选择"对象属性"，具体参数设置如图 12.32 所示。

步骤 6：单击菜单"渲染→视频后期处理"，单击"添加场景事件"按钮，选择默认的"透视"。单击"添加图像过滤事件"按钮，在下拉菜单中选择"镜头效果光晕"，按"确定"按钮再双击进入设置，激活 预览 和 VP队列 按钮预览效果，对"属性"和"首选项"两个选项卡的设置如图 12.33 所示。

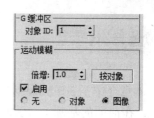

图 12.32 粒子属性参数设置

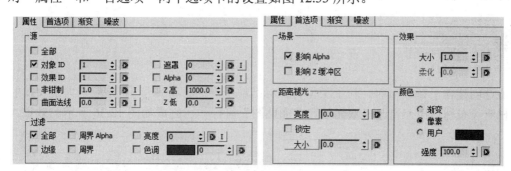

图 12.33 "镜头效果光晕"参数设置

步骤 7：再次单击"添加图像过滤事件"按钮，在下拉菜单中选择"镜头效果高光"，按"确定"按钮，再双击进入设置，具体参数设置如图 12.34 所示。

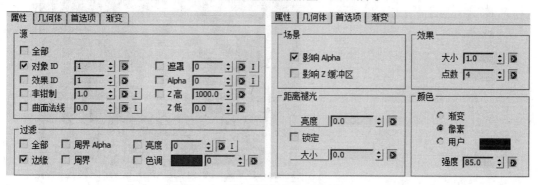

图 12.34 "镜头效果高光"参数设置

步骤 8：单击"图像输出事件"按钮，再单击 文件... 按钮选择输出的路径，格式为 AVI 未压缩。单击"执行序列"按钮，设置参数。渲染效果及具体参数设置如图 12.35 所示。

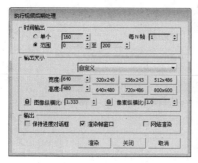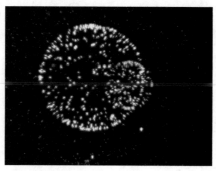

图 12.35 烟花最终渲染效果及参数设置

本章小结

本章介绍了 3ds Max 动画制作的基本方法，主要有时间轴的运用、关键帧的设置、运动轨迹等。在前面的基础上，后面介绍了动画的进阶制作方法，它与前面的关键帧紧密结合，才能制作出满意的效果。我们仅介绍了部分动画入门方法，但对这些方法灵活运用就能制作出更加复杂的动画。

课后练习

通过创建粒子超级喷射，粒子类型为"标准粒子"的"特殊"，调整粒子大小及发射速率等，材质（布林材质）勾选"双面"和"面贴图"等操作，完成如图 12.36 所示的效果。

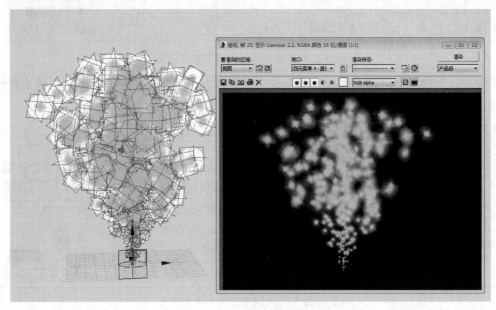

图 12.36　粒子超级喷射效果

第13章

综合案例I——室内效果图表现

3ds Max 在室内设计特别是在建筑行业，深受建筑设计师和室内外装潢设计师的青睐和喜爱。室内效果的设计过程就是室内空间环境的创造过程，非常讲究空间结构、家具、陈设、灯具、绿化等的设计和选用。一个优秀的室内设计效果图是将创意进行形象化再现，不仅有利于与客户进行有效的沟通，而且在室内装饰过程中能大大提高工作效率。本章将呈现一个项目化的室内效果图制作过程。

➡ 教学目标

- 了解室内效果图的制作流程
- 掌握室内三维模型的制作和修改
- 掌握灯光和摄像机的布置
- 掌握常用材质的制作
- 掌握室内效果图的渲染和后期处理

➡ 教学内容

- 室内效果图的制作流程
- 室内空间结构、色彩搭配和灯光设置
- 室内常用材质的制作
- 室内效果图的渲染和后期处理

13.1 室内效果图表现

在室内装饰设计行业，室内效果图可以将实际的装饰效果最直观地展现在客户面前，室内效果图能准确地表现出室内空间结构、色彩搭配和灯光设置，并且可以进行反复修改。这样在确定了设计风格和客户喜好的情况下也能提高工作效率。

室内设计运用事物色彩、方位、属性、形状、布局、造型来表现和谐美观。根据室内场景和人的心里，室内设计分为不同的风格和流派。目前，室内装饰设计普遍使用的风格包括现代简约风格、新中式风格、新实用主义风格、地中海风格、韩式风格等，室内设计风格如图 13.1 所示。

图 13.1　室内设计风格

13.2　室内效果图制作流程

使用 3ds Max 和 Photoshop 制作室内效果图主要包括方案设计、搭建框架、架设摄像机、合并模型、布置灯光、赋予材质、后期处理共 7 个步骤。

1. 方案设计

方案设计就是要确定室内各部分的尺寸、材料、家具的样式、风格和色调等，另外还要规划好制作三维模型的顺序和方法，如何布置灯光，哪些操作需要在 3ds Max 中完成，哪些需要使用 Photoshop 来处理。

2. 搭建框架

根据平面图的设计，在场景中建立地面、墙体、吊顶等大体框架。

3. 架设摄像机

架设摄像机的目的是为了确定效果图的视角，选择的视角应该尽量开阔。

4. 合并模型

将制作好的模型合并到场景中，不在摄像机的视野范围内的模型不用合并。场景中模型的复杂程度在满足效果的情况下，越简单越好。模型过于复杂，在效果图中看不出差别，但是会增加修改的时间和渲染时间。

5. 布置灯光

布置灯光时应尽量参考类似空间的照片或图片的灯光效果，3ds Max 模拟出真实世界的灯光与实际效果并不完全相同。

6. 赋予材质

编辑材质可以先用材质编辑器中的材质球，再调整材质。这样做可以减少贴图的次数。

7. 后期处理

效果图渲染出来以后，根据画面的实际情况，可在 Photoshop 中修改其画面的亮度、对比度和细腻的光影变化，还可以加上人物、植物、小饰品等配景。增加配景时要注意样式、颜色、风格应与整个空间协调统一，而且还要考虑画面的构图。

13.3 简约卧室效果图制作

本小节将按照室内效果图制作流程，依次完成搭建框架、架设摄像机、合并模型、布置灯光、赋予材质、后期处理这几个主要步骤，"简约卧室"最终效果如图 13.2 所示。

图 13.2 "简约卧室"最终效果图

13.3.1 搭建框架

步骤 1：启动 3ds Max 2015，在创建命令面板中选择"几何体"按钮○，在标准基本体对象类型中选择"长方体"对象,在顶视口中绘制一个长方体,设置参数并调整好位置,在前视口中将上一步骤中创建的长方体沿着 Y 轴复制,设置好参数,具体效果和参数设置如图 13.3 所示。

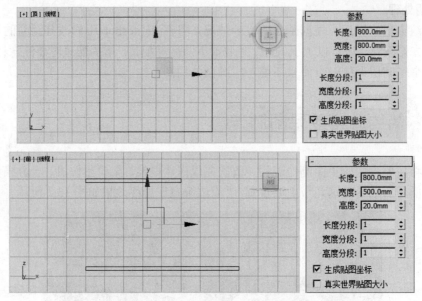

图 13.3　创建地面和屋顶及参数设置

步骤 2:在前视口中的左右两侧分别创建一个长方体,设置好参数,调整好四个长方体的位置,具体操作和参数设置如图 13.4 所示。

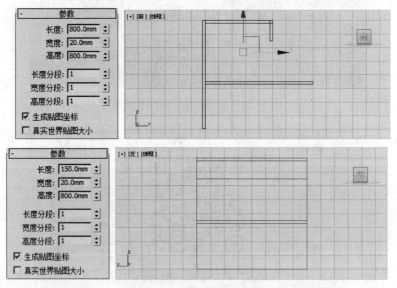

图 13.4　创建支柱及参数设置

步骤 3:在前视口中再创建一个长方体,设置好参数并在左视图中调整好位置,右键单击该长方体,将其转换成可编辑多边形,在修改面板中选择顶点子级别,选择该长方体最上方的所有顶点移动好位置,创建墙壁和参数设置如图 13.5 所示。

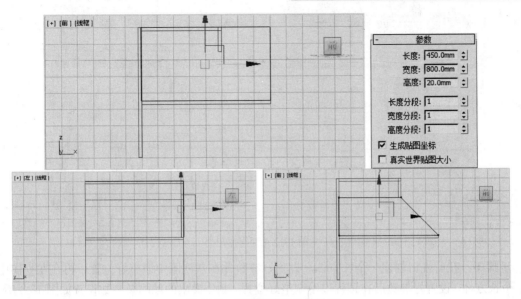

图 13.5 创建墙壁和参数设置

步骤 4：再在修改面板中选择"多边形"子级别，在"编辑多边形"卷展栏中单击"挤出"按钮右边的设置按钮，在前视口中设置挤出的高度为"150"，在左视图中将墙壁沿着 X 轴向左复制，如图 13.6 所示。

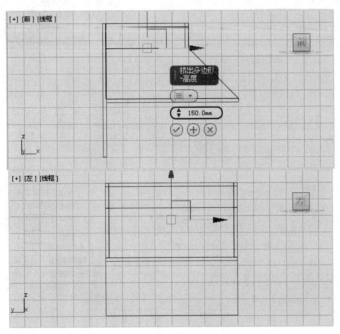

图 13.6 编辑墙壁

步骤 5：在顶视口使用线绘制一个图形，在前视口中调整好位置，接着修改面板中选择"顶点"子级别，选中图形中左边所有的顶点沿着 Y 轴移动到合适位置，选中图形中间所有的顶点沿着 Y 轴移动到合适位置，退出"顶点"子级别，选中"多边形"子级别，选择这个图形并在"编辑多边形"卷展栏下单击"挤出"后，再单击右边的"设置"按钮，将挤出的高度设置为"-20"，制作窗户的具体操作如图 13.7 所示。

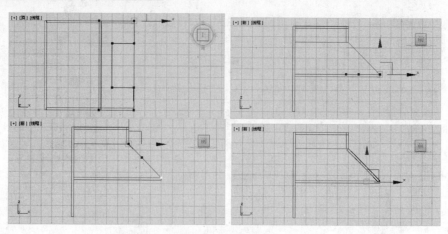

图 13.7 制作窗户

步骤 6：在前视口创建一个长方体，设置好参数并在左视图中调整好位置，再在左视图中创建一个长方体，设置好参数后在顶视口中调整好位置，制作突出的墙面及参数设置如图 13.8 所示。

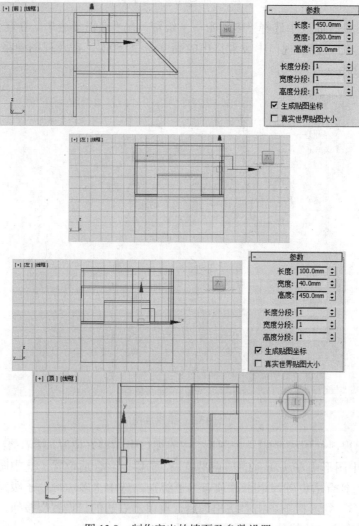

图 13.8 制作突出的墙面及参数设置

步骤 7：在顶视口创建一个长方体，设置好参数并在前视口中调整好位置，再在前视口中选择地面，选择"复合对象"中的对象类型"布尔"，再单击"拾取布尔"卷展栏中的"拾取操作对象 B"按钮，接着在前视口中单击创建的长方体，具体操作及参数设置如图 13.9 所示。

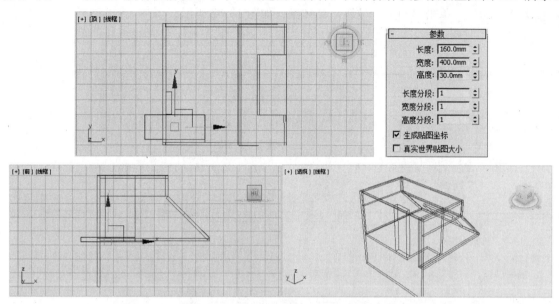

图 13.9　使用"布尔"命令及参数设置

步骤 8：在顶视口创建一个长方体，设置好参数并在前视口中调整好位置，保持长方体选中状态，使用工具栏上的移动工具对齐进行复制，制作楼梯的具体操作及参数设置如图 13.10 所示。

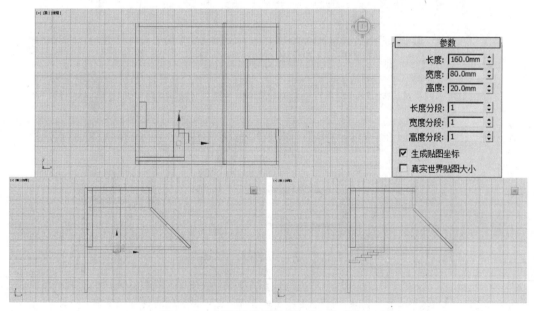

图 13.10　制作楼梯的具体操作及参数设置

步骤 9：在左视图中绘制线，在修改面板中选择"顶点"子级别，调整好四个顶点的位置，再选择下面两个顶点，在"几何体"卷展栏中单击"圆角"按钮，在左视图中向上移动鼠标到合适位置，退出"顶点"子级别，选择"样条线"子级别，在"几何体"卷展栏中单击"轮廓"按钮，在左视图中向上移动鼠标形成另一条轮廓。退出子级别，将线转换成可编辑多边形，在修改面板中选择"多边形"子级别，在"编辑多边形"卷展栏中单击"挤出"按钮，设置挤出高度为"-180"，单击"确定"按钮，具体操作如图13.11所示。

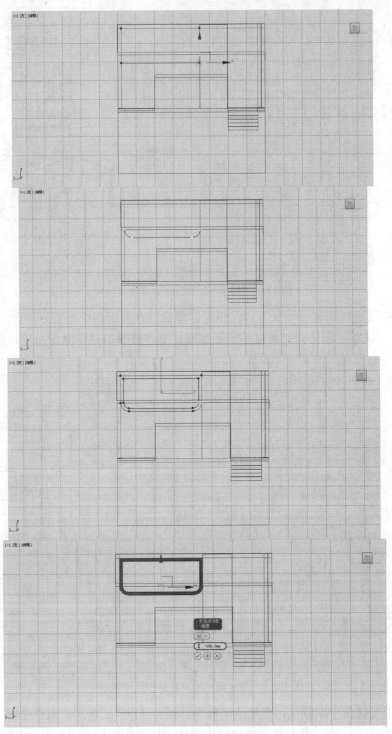

图13.11　制作床的具体操作

步骤 10：在几何体中选择楼梯中的直线楼梯，在顶视口中进行创建，在修改面板中的"参数"卷展栏和"侧弦"卷展栏中设置好参数，效果及参数设置如图 13.12 所示。

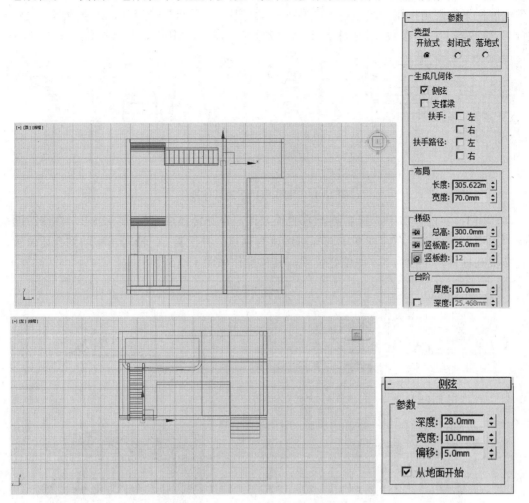

图 13.12　制作床楼梯的效果及参数设置

步骤 11：创建 6 根圆柱体，半径设置为 5，调整好位置后的效果如图 13.13 所示。

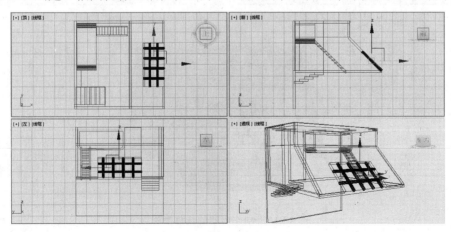

图 13.13　制作窗架的操作

步骤 12：在左视图使用线中绘制一个图形，在顶视口中调整到床的右侧边沿，再在修改面板中选择"顶点"子级别，在左视图中调整所有顶点，选中图形上方两个顶点，单击"几何体"卷展栏下的圆角按钮，在左视图中向下移动，退出"顶点"子级别，在修改器列表中选择"挤出"修改器，在"参数"卷展栏中设置"数量"的值为"10"，具体操作如图 13.14 所示。

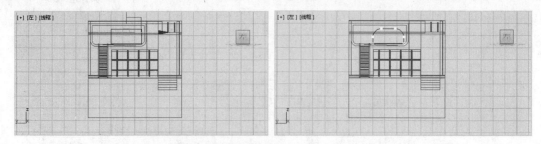

图 13.14　制作床挡板的具体操作

步骤 13：在前视口中选择右侧上方的长方体，将其转换成可编辑多边形，在修改面板中选择"顶点"子级别，在左视图中选择右边所有顶点，并沿着 X 轴向左移动到合适位置，再创建 2 根圆柱体，半径为 5，调整好位置，具体操作如图 13.15 所示。

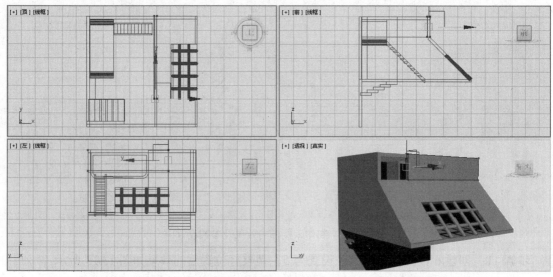

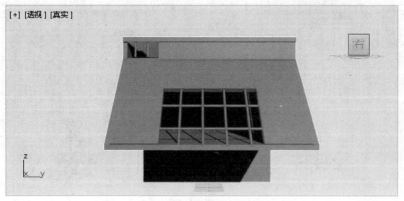

图 13.15　制作窗架的具体操作

13.3.2 架设摄像机

步骤 1：在顶视口中创建一个目标摄像机，在左视图调整好位置，并设置好"参数"卷展栏中的"镜头"和"视野"值，架设摄像机的具体操作如图 13.16 所示。

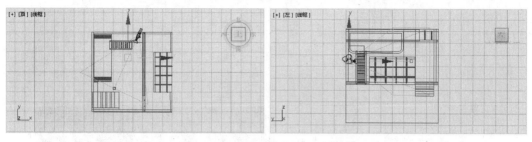

图 13.16 架设摄像机的具体操作

步骤 2：将透视视口切换成摄像机视图，选择"明暗处理"，效果如图 13.17 所示。

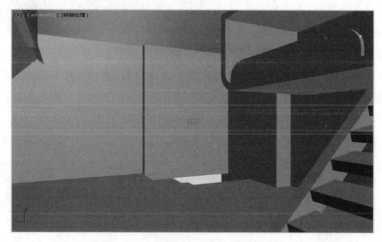

图 13.17 摄像机视图下的卧室效果

13.3.3 合并模型

步骤 1：单击 3ds Max 2015 最左上角图标，选择"导入"中的"合并"命令，在弹出的"打开文件"对话框中选择素材中的"案例文件/第 13 章/墙角线.max"文件并打开，将两条墙角线导入到顶视口中，在顶视口和前视口中调整位置如图 13.18 所示。

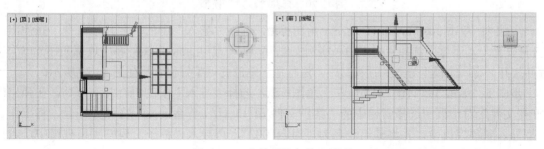

图 13.18 合并"墙角线"模型

步骤 2：单击 3ds Max 2015 左上角图标，选择"导入"中的"合并"命令，在弹出的"打开文件"对话框中选择素材中的"案例文件/第 13 章/电视墙.max"文件并打开，将所有电视墙模型导入到顶视口中，并将其组合名为"组合 001"，进行适当缩放并调整好位置后如图 13.19 所示。

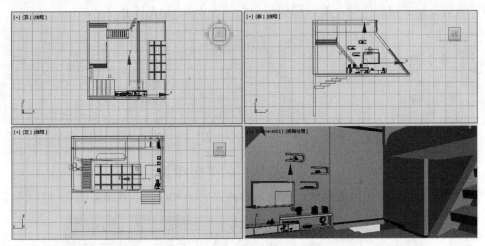

图 13.19　合并"电视墙"模型

步骤 3：单击 3ds Max 2015 最左上角图标，选择"导入"中的"合并"命令，在弹出的"打开文件"对话框中选择素材中的"案例文件/第 13 章/沙发.max"文件并打开，将沙发模型导入到顶视口中，进行适当缩放并调整好位置后如图 13.20 所示。

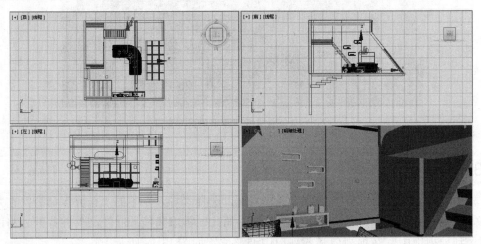

图 13.20　合并"沙发"模型

步骤 4：单击 3ds Max 2015 最左上角图标，选择"导入"中的"合并"命令，在弹出的"打开文件"对话框中选择素材中的"案例文件/第 13 章/茶几.max"文件和"玫瑰花瓶.max"文件并打开，将两个模型导入到顶视口中，进行适当缩放并调整好位置后如图 13.21 所示。

步骤 5：单击 3ds Max 2015 最左上角图标，选择"导入"中的"合并"命令，在弹出的"打开文件"对话框中选择素材中的"案例文件/第 13 章/工作台.max"文件并打开，将工作台模型导入到顶视口中，并将其组合名为"组合 002"，再导入"椅子"模型到顶视口中，进行适当缩放并调整好位置后如图 13.22 所示。

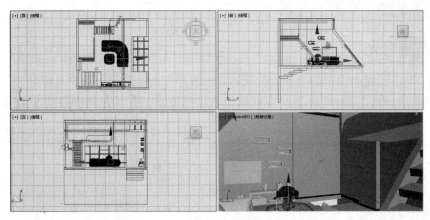

图 13.21　合并"茶几"和"玫瑰花瓶"模型

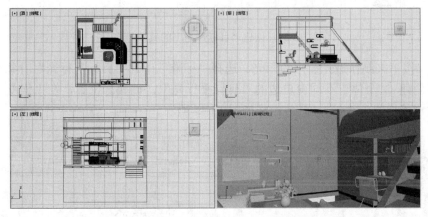

图 13.22　合并"工作台"和"椅子"模型

步骤 6：单击 3ds Max 2015 最左上角图标，选择"导入"中的"合并"命令，在弹出的"打开文件"对话框中选择素材中的"案例文件/第 13 章/盆栽.max"文件和"钟.max"文件并打开，将两个模型导入到顶视口中，进行适当缩放并调整好位置，所有模型文件合并后的效果如图 13.23 所示。

图 13.23　合并模型后的效果

13.3.4 布置灯光

步骤 1：单击创建面板中的"灯光"按钮，选择"光学度"中的"目标灯光"对象类型。在顶视口中创建一个"目标灯光"，在前视口中进行位置调整，具体操作如图 13.24 所示。

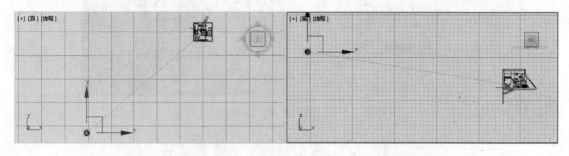

图 13.24 创建"目标灯光"的具体操作

步骤 2：接下来制作透光窗户的阳光。选择"标准"中的"目标平行光"对象类型，分别在顶视口中创建 2 个位于不同窗户边的"目标平行光"，调整好位置，在"强度/颜色/衰减"卷展栏中设置倍增值为"6"，具体操作如图 13.25 所示。

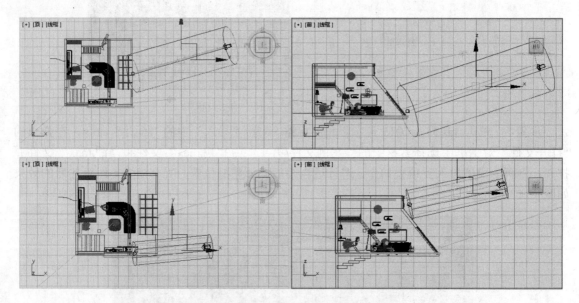

图 13.25 创建"目标平行光"的具体操作

步骤 3：单击工具栏上的"渲染设置"按钮，选择"公用"选项卡，在"指定渲染器"卷展栏中选择"mental ray 渲染器"，再选择"标准"中的"mr Area Omni"对象类型，分别在前视口中创建 3 个"mr Area Omni"，在前顶视口中调整好位置，对"摄像机"视图进行渲染后的效果如图 13.26 所示。

第13章 综合案例Ⅰ——室内效果图表现

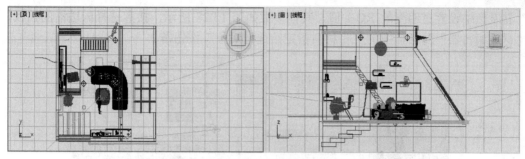

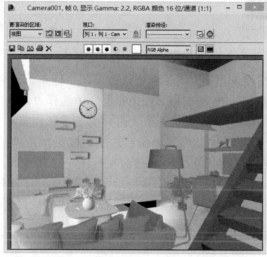

图 13.26 创建"mr Area Omni"并渲染

13.3.5 赋予材质

步骤1：单击工具栏上的"材质编辑器"按钮，在打开的"材质编辑器"对话框中选择第一个样本球，将名称设置为"墙面"，设置"环境光"和"漫反射"的颜色为白色，在"贴图"卷展栏下勾选"反射"，数量为"60"，单击右边的无按钮，在"材质/贴图浏览器"中选择"位图"，单击确定后选择素材中的"案例文件/第 13 章/混凝土.jpg"文件，单击"转向父对象"按钮。接着在视图中选择所有的墙面，单击"材质编辑器"对话框中的"将材质指定给选定对象"按钮，具体参数设置如图 13.27 所示。

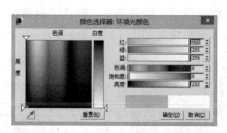

图 13.27 制作"墙面"材质的参数设置

步骤2：在打开的"材质编辑器"对话框中选择第二个样本球，将名称设置为"玻璃"，单击右边的按钮 Standard ，在"材质/贴图浏览器"中选择"光线跟踪"，在"光线跟踪基本参

263

数"卷展栏中设置透明度的 RGB 值,其他参数如图 13.28 所示,接着选择床边沿的挡板,单击"材质编辑器"对话框中的"将材质指定给选定对象"按钮。

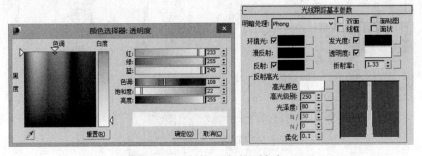

图 13.28 制作"玻璃"材质

步骤 3:在打开的"材质编辑器"对话框中选择第三个样本球,将名称设置为"木地板",单击"漫反射"右边的 按钮,在"材质/贴图浏览器"中选择"位图",单击"确定"按钮后选择素材中的"案例文件/第 13 章/木板.jpg"文件,单击"转向父对象"按钮,在"贴图"卷展栏下勾选"反射",数量为"30",单击右边的无按钮,在"材质/贴图浏览器"中选择"光线跟踪",单击"转向父对象"按钮。接着在视图中选择地面,单击"材质编辑器"对话框中的"将材质指定给选定对象"按钮,保持地面的选中状态,在修改器列表中选择"UVW 贴图"修改器,在"参数"卷展栏中设置对应的参数,具体参数设置如图 13.29 所示。

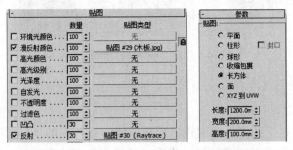

图 13.29 制作"木地板"材质的参数设置

步骤 4:在打开的"材质编辑器"对话框中选择第四个样本球,将名称设置为"油漆",单击右边的按钮 Standard ,在"材质/贴图浏览器"中选择"光线跟踪",在"光线跟踪基本参数"卷展栏中设置漫反射的 RGB 值,单击"反射"右边的 按钮,在"材质/贴图浏览器"中选择"衰减",在"衰减参数"卷展栏中设置衰减类型为 Fresnel,单击"转向父对象"按钮,将视图中的电视墙解组,选中视图中的台灯和电视墙上的置物架,单击"材质编辑器"对话框中的"将材质指定给选定对象"按钮。具体参数设置如图 13.30 所示。

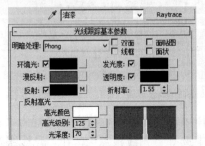 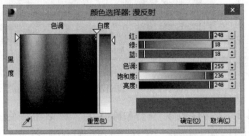

图 13.30 制作"油漆"材质的参数设置

步骤5：在打开的"材质编辑器"对话框中选择第五个样本球，将名称设置为"塑料"，选择明暗器类型为Phong，设置环境光和漫反射的RGB值以及下面的反射高光值。将视图中的工作台解组，选中台式电脑的边框和电视机的边框，单击"材质编辑器"对话框中的"将材质指定给选定对象"按钮，具体参数设置如图13.31所示。

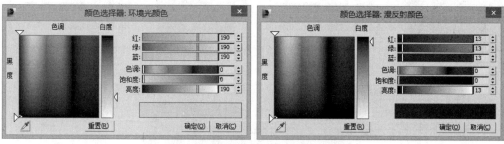

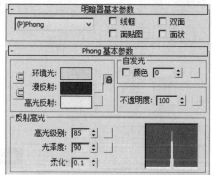

图13.31　制作"塑料"材质的参数设置

步骤6：在打开的"材质编辑器"对话框中选择第六个样本球，将名称设置为"透明塑料"，单击右边的按钮 Standard ，在"材质/贴图浏览器"中选择"光线跟踪"，在"光线跟踪基本参数"卷展栏中设置"漫反射"的RGB值都是"34"、"反射"的RGB值都是"17"和"透明度"的RGB值都是"20"。选中视图中的台式电脑和电视机的中间屏幕部分，单击"材质编辑器"对话框中的"将材质指定给选定对象"按钮。具体参数设置如图13.32所示。

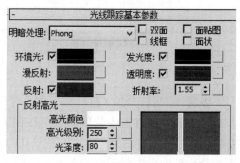

图13.32　制作"透明塑料"材质的参数设置

步骤7：在打开的"材质编辑器"对话框中选择第七个样本球，将名称设置为"金属"，选择明暗器类型为金属，在"金属基本参数"卷展栏中设置环境光和漫反射的RGB值，设置反射高光值，在"贴图"卷展栏中勾选自发光，在右边的贴图类型中选择"衰减"，在"衰减"的混合曲线卷展栏中将控制点的模式切换到Bezier-角点，然后拖动右侧的控制点，调整曲线的形状，单击"转向父对象"按钮，在"贴图"卷展栏中勾选反射，在右边的贴图类型中选择"混合"，单击"混合参数"卷展栏中的"颜色1"后面的按钮，在"材质/贴图浏览器"中选择"位图"，单击确定后选择素材中的"案例文件/第13章/反射.bmp"文件，单击"转向父对象"按钮，单击"混合参数"卷展栏中的"颜色2"后面的按钮，在"材质/贴图浏览器"中选择"光线跟踪"，单击"转向父对象"按钮后再单击"转向父对象"按钮，回到样本球界面。在视图中选择电视墙和工作台上的装饰品，单击"材质编辑器"对话框中的"将材质指定给选定对象"按钮 。具体参数设置如图 13.33 所示。

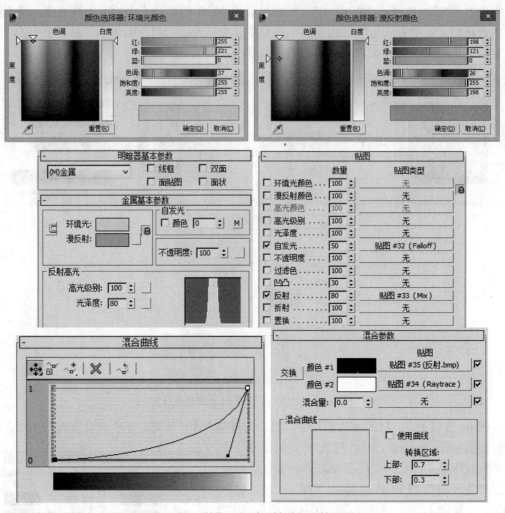

图 13.33　制作"金属"材质的参数设置

步骤 8：在打开的"材质编辑器"对话框中选择第八个样本球，将名称设置为"玫瑰花瓶"，单击左边的"从对象中拾取材质"按钮 ，在"多维/子材质基本参数"卷展栏中单击设置数量按钮，设置材质数量为"3"，在下方 ID 为 1 的后面单击按钮 2100440838（Standard），接着在"Blinn 基本参数"中单击漫反射后的按钮 ，在"材质/贴图浏览器"中选择"位图"，单击【确定】按钮后选择素材中的"案例文件/第 13 章/玫瑰花.jpg"文件，单击 2 次"转向父对象"按钮 。在 ID 为 2 的后面单击按钮 2100440839（Standard），接着在"Blinn 基本参数"中单击漫反射后的按钮 ，在"材质/贴图浏览器"中选择"位图"，单击确定后选择素材中的"案例文件/第 13 章/茎.jpg"文件，单击 2 次"转向父对象"按钮 。选中视图中的玫瑰花瓶，单击"材质编辑器"对话框中的"将材质指定给选定对象"按钮 。制作"花瓶材质"的参数设置如图 13.34 所示。

步骤 9：在打开的"材质编辑器"对话框中选择第九个样本球，将名称设置为"布艺沙发"，在"Blinn 基本参数"卷展栏中单击漫反射后的按钮 ，在"材质/贴图浏览器"中选择"位图"，单击确定后选择素材中的"案例文件/第 13 章/布艺.jpg"文件，单击"转向父对象"按钮 。在"Blinn 基本参数"卷展栏中单击颜色后的按钮 ，在"材质/贴图浏览器"中选择"衰减"，设置"衰减类型"为"Fresnel",单击"转向父对象"按钮。在"贴图"卷展栏下勾选"凹凸",数量为"100",单击右边的【无】按钮,在"材质/贴图浏览器"中选择"位图",单击【确定】按钮后选择素材中的"案例文件/第 13 章/布艺.jpg"文件。将视图中的沙发进行解组,选中沙发,单击"材质编辑器"对话框中的"将材质指定给选定对象"按钮,靠枕的材质制作方法一样,制作"布艺沙发"材质的参数设置如图 13.35 所示。

图 13.34 制作"玫瑰花瓶"材质的参数设置　　　图 13.35 制作"布艺沙发"材质

步骤 10:在打开的"材质编辑器"对话框中选择第十一个样本球,将名称设置为"不锈钢",在"Blinn 基本参数"卷展栏中设置环境光和漫反射的颜色,以及反射高光值,在"贴图"卷展栏下勾选"反射",单击右边的无按钮,在"材质/贴图浏览器"中选择"位图",单击【确定】按钮后选择素材中的"案例文件/第 13 章/反射.bmp"文件。将视图中的椅子进行解组,选中椅子的脚,单击"材质编辑器"对话框中的"将材质指定给选定对象"按钮。在打开的"材质编辑器"对话框中选择第十一个样本球,将名称设置为"椅子木板",在"Blinn 基本参数"卷展栏中单击颜色后的按钮,在"材质/贴图浏览器"中选择"位图",单击确定后选择素材中的"案例文件/第 13 章/椅子木板.jpg"文件,选中椅子的座位,单击"材质编辑器"对话框中的"将材质指定给选定对象"按钮。制作"椅子"材质的参数设置及效果如图 13.36 所示。

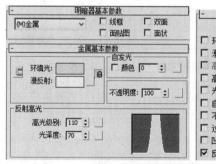

图 13.36 制作"椅子"材质的参数设置及效果

13.3.6 后期处理

步骤1：选择3ds Max 2015工具栏上的"渲染设置"按钮，在弹出的对话框中找到"公用参数"卷展栏的"输出大小"选项，设置宽度和高度的值，在"渲染输出"选项组中单击"文件"按钮，将文件保存并命名为"室内效果图.jpg"，如图13.37所示。

图13.37 渲染设置

步骤2：启动Photoshop，将"室内效果图.jpg"文件打开，将背景图层复制一个副本，选中"背景副本"图层，执行"图像→调整→曲线"命令，适当调整曲线输入输出值，以及调整"亮度/对比度"的值，如图13.38所示。通过以上操作，简约卧室效果图就完成了，将图片保存为PSD和JPG格式。

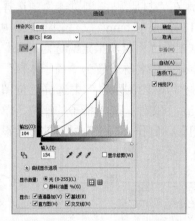
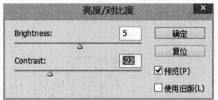

图13.38 调整曲线和亮度/对比度

本章小结

本章详细描述了"简约卧室效果图"制作过程的综合案例，集合了前面所学，使用3ds Max进行建模、布置摄像机和灯光、制作并修改材质以及渲染等知识点，并通过Photoshop图像处理软件对渲染出的效果图进行美化，呈现了一个项目化的实训过程，贴近企业实战，有利于综合能力的培养。

课后练习

请使用本章中所学知识制作一个"欧式客厅"效果图，效果如图13.39所示。

图 13.39 "欧式客厅"效果图

第14章 综合案例Ⅱ——影视片头动画

影视包装在商业营销中具有重要意义,主要包括两个方面的概念,一是指对影视、频道、节目的美化。这其中包括电视台及其频道的整体形象设计风格定位。一是指商业广告与企业宣传片等影视广告制作。它涉及面广,包括从前期策划、拍摄、剪辑到三维元素的制作再到后期合成等各个方面。

教学目标
- 掌握影视片头的制作流程与方法
- 掌握三维软件 3ds Max 和后期合成软件 After Effects 的综合运用技巧

教学内容
- 影视片头制作思路
- 后期合成
- 片头渲染输出

14.1 影视片头制作流程

影视片头是影视包装中最重要的内容,主要运用实际拍摄元素、三维制作元素以及平面元素,通过合成软件将这些素材进行特效处理与合成,最终生成成品。基本制作过程包括:

(1)确定片子基本格调与色调,设计好分镜头。
(2)建立模型。
(3)设置材质。
(4)调整灯光和摄影机。
(5)制作动画。
(6)渲染输出序列。

（7）剪辑与后期合成，输出成片。

14.2 影视片头动画制作

14.2.1 建立模型和场景

下面按照影视片头制作的常规流程制作一个难度适中的 Eric 影视片头。

步骤 1：执行"文件→重置"命令，重置场景。

步骤 2：设置视口背景图片。因为目前的 3ds Max 2015 中视口背景图片不能像以前版本那样可以设置"锁定缩放/平移"，所以只能做一个平面，贴一张背景图片。执行"创建→几何体→平面"命令，在顶视口拖拽鼠标创建平面，设置长宽值分别为"80""80"，具体参数设置如图 14.1 所示；按【M】键，打开材质编辑器，选择一个材质球，单击其"明暗器基本参数"卷展栏中漫反射右边的"无"按钮，在弹出的"材质/贴图浏览器"中选择"位图"，单击【确定】按钮后，选择图片在"材质编辑器"中设置贴图如图 14.2 所示。然后选择刚才创建的平面，单击材质编辑器中的按钮，将材质指定给平面，再单击按钮，在顶视口中显示贴图如图 14.3 所示。

图 14.1 创建平面设置参数

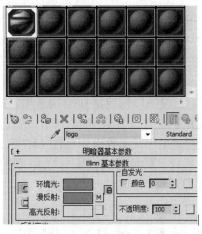

图 14.2 "材质编辑器"中设置贴图

图 14.3 在顶视口显示出贴图

步骤 3：为了避免以后的误操作，先将平面冻结。选择平面，右击，选择"对象属性"，在弹出的"对象属性"对话框中，取消勾选"显示属性"选项组中的"以灰色显示冻结对象"选项，如图 14.4 所示；单击"确定"按钮之后，右击，选择"冻结当前选择"，从而冻结平面，具体操作如图 14.5 所示。

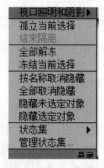

图 14.4　对象属性中的"显示属性"区域　　　图 14.5　执行"冻结当前选择"命令

步骤 4：绘制出 Logo 轮廓。执行"创建 ❋ → 图形 ◎ → 线"命令，在顶视口参照贴图图片描出 Logo 图形（由 4 个图形构成），并调整顶点完善图形；选择其中一个图形，在修改面板中选择"样条线"层级，单击"几何体"卷展栏中的附加 附加 ，附加另外 3 个图形附加，绘制的 Logo 轮廓如图 14.6 所示。

步骤 5：绘制剖面图形。执行"创建 ❋ → 图形 ◎ → 矩形 矩形 "，在顶视口拖拽鼠标绘制矩形，并在右侧创建面板的参数卷展栏中，设置长度为"6"，宽度为"4"，角半径为"0.5"，创建矩形及参数设置如图 14.7 所示；然后选择矩形，右击，执行"转换为→转换为可编辑样条线"命令，进入到"线段"层级，删除左侧的线段，如图 14.8 所示。

图 14.6　绘制的 Logo 轮廓

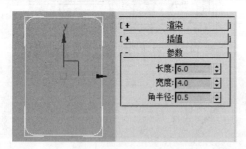

图 14.7　创建矩形及参数设置　　　　　　图 14.8　删除线段前后对比

步骤 6：制作出三维 Logo。选择 Logo 图形，添加"倒角剖面"修改器，在其"参数"卷展栏中单击 拾取剖面 ，拾取剖面图形，倒角剖面参数设置及效果如图 14.9 所示。

步骤 7：在左视口选择刚才用倒角剖面创建的三维 Logo，按【Shift】键，沿 Y 轴方向向上移动复制，如图 14.10 所示。然后单击修改面板中修改器列表下的移除按钮 ，将"倒角剖面"修改器删除，接着从修改器列表中选择"挤出"项，将"参数"中的数量设置为"0.5"，移动复制三维 Logo，具体参数设置如图 14.11 所示。

图 14.9　倒角剖面参数设置及其效果

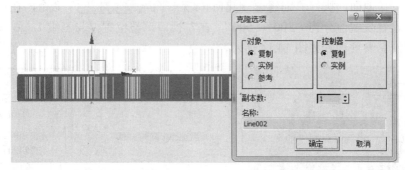

图 14.10　移动复制三维 Logo 具体操作及参数设置

图 14.11　设置"挤出"修改器参数

步骤 8：按【M】键打开材质编辑器，分别设置 2 个空白材质球"Blinn 基本参数"的漫反射颜色和反射高光，白色材质漫反射颜色设置为"RGB:0,0,255"，橘红色材质漫反射颜色设置为"RGB:255,95,7"，高光级别和光泽度分别设置为"62"，具体参数设置如图 14.12 所示。效果如图 14.13 所示。

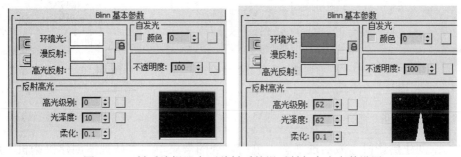

图 14.12　材质编辑器中两种材质的漫反射与高光参数设置

图 14.13　设置材质后效果图

步骤 9：制作地面。执行"创建 →几何体 →平面 平面 "命令，在顶视口拖拽鼠标创建平面，设置长宽值分为"500""500"，在左视口调整位置，与三维 Logo 接触，创建平面并调整位置及其参数设置如图 14.14 所示。

图 14.14　创建平面并调整位置及其参数设置

步骤 10：在场景中创建泛光灯，结合各个视图调整位置如图 14.15 所示。然后将"常规参数"卷展栏中阴影区域的"启用"勾选，在启用下方的列表中选择"光线跟踪阴影"项。"常规参数"卷展栏如图 14.16 所示。

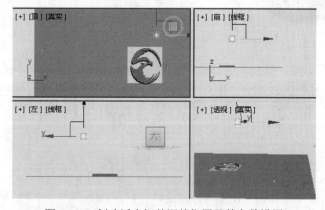
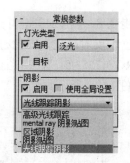

图 14.15　创建泛光灯并调整位置及其参数设置　　图 14.16　"常规参数"卷展栏

14.2.2　创建动画

步骤 1：创建摄影机。激活透视图，单击"视图"菜单→"从视图创建摄影机"（快捷键是【Ctrl+c】）；单击"时间配置"按钮 ，在弹出的"时间配置"对话框中，勾选"帧速率"选项组中的"PAL"选项，将"FPS"设置为"25"，将"动画"区域中的"长度"设置为"200"，具体参数设置如图 14.17 所示。

步骤 2：删除第一次创建平面 plane01。利用右下角的摄影机工具制作摄影机动画，打开自动关键点 自动关键点 ，将时间滑块移动到 40 帧位置，激活摄影机视图，通过环游摄影机工具 和平移摄影机工具 调整摄影机至如图 14.18 所示位置；将时间滑块移动到 100 帧位置，通过推拉摄影机工具 和平移摄影机工具 调整摄影机至如图 14.19 所示位置；将时间滑块移动到 200 帧位置，通过推拉摄影机工具 、侧滚摄影机工具 、平移摄影机工具 ，调整摄影机至图 14.20 所示位置；单击"自动关键点" 自动关键点 ，开始输出。

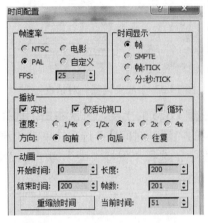

图 14.17　"时间配置"参数设置

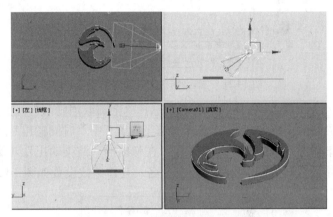

图 14.18　第 40 帧位置摄影机效果

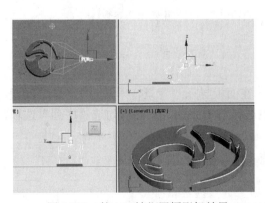

图 14.19　第 100 帧位置摄影机效果

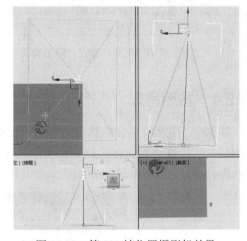

图 14.20　第 200 帧位置摄影机效果

14.2.3　渲染输出序列

步骤 1：渲染输出。单击"渲染""渲染设置"，在弹出的"渲染设置"对话框中，勾选"公用"选项卡中"公用参数"卷展栏"范围"选项，并将"范围"值设置为"0"到"100"，将"输出大小"下方的列表选择为"PAL D-1(视频)"；单击"渲染输出"中的文件 文件... ，在弹出的"渲染输出文件"对话框中选择"保持类型"为".tga"，并设置好文件输出路径及文件名，如图 14.21 和 14.22 所示。回到摄影机视图中选择上层的 Logo 部分（"挤出"物体），右击，选择"隐藏选定对象"，分两次输出当前场景。

图 14.21 "渲染输出文件"对话框

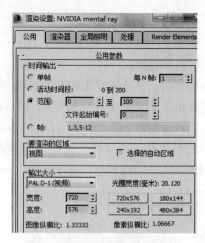
图 14.22 "渲染设置"对话框

步骤2：在场景中右击，选择"全部取消隐藏"，选择三维 Logo 的上层，再次右击，选择"隐藏未选定对象"；选择"渲染设置"中"时间输出"区域的"活动时间段"选项，单击"渲染输出"中的文件 文件... ，在弹出的"渲染输出"对话框中，选择"保持类型"为".tga"，并设置好文件输出路径及文件名，具体参数设置如图 14.23 所示。

图 14.23 设置"渲染设置"中的"时间输出"与"渲染输出"参数

14.2.4 后期合成

步骤3：打开后期合成软件 After Effectes CC，在面板导入"背景音乐.wav""雄鹰展翅高飞.mov""Eric 影视 logo"，在导入的序列图片中选择第 1 张图片，然后勾选"序列"选项，导入序列图片如图 14.24 所示。

图 14.24 导入序列图片

第14章 综合案例Ⅱ——影视片头动画

步骤4：执行"合成→新建合成"命令，在弹出的"合成设置"面板中，更改"合成名称"为"Eric 影视片头"，预设选择"PAL D1/DV"，持续时间设置为"12"秒，"合成设置"面板及参数设置如图14.25所示。

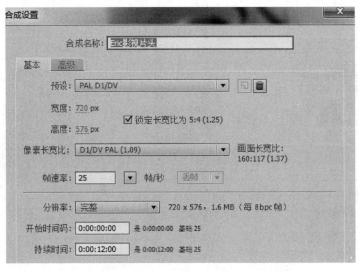

图 14.25 "合成设置"面板及参数设置

步骤5：将"背景音乐.wav"和"雄鹰展翅高飞.mov"素材分别拖至时间线面板，执行"图层→新建→纯色"命令，建立纯色层，颜色设置为纯白色，命名为"天空蒙版"，蒙板参数设置及效果如图14.26所示。

 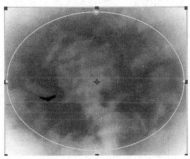

图 14.26 蒙版参数设置及效果

步骤6：将2个图片序列分别拖至时间线面板。单击工具栏中的文字T，合成窗口建立文字图层，输入文字"Eric 影视"，颜色设置为纯黑色，设置方正大黑简体，如图14.27所示；选择文字层，添加特效"斜面 Alpha""投影"，在"效果控件"面板中将"斜面 Alpha"中的"边缘厚度"设置为"1"，"投影"中的"距离"设置为"2"，具体参数设置如图14.28所示。在其位置属性上建立文字从右向左移动动画，将时间指针移动到6秒处，将位置设置为"755、137"，将时间指针移动到8秒处，将位置设置为"87、137"，然后选择最后的关键帧，按【F9】键，如图14.29所示。

步骤7：单击工具栏中的文字T，合成窗口建立文字图层，输入文字"专注于易懂的在线教育"，颜色设置为橘红色（RGB:244,72,11），如图14.30所示。将"Eric 影视"文字图层上"效果控件"面板中的两个效果按【Ctrl+C】组合键，然后选择"专注于易懂的在线教育！"文字

277

层,按【Ctrl+V】组合键;接着直接按快捷键【S】,展开"缩放"属性,制作由小变大动画,将时间指针移动到 8 秒处,将缩放值设置为 0%,移动到 9 秒处,设置为 196%,选择最后的关键帧,按【F9】键,在时间线面板中设置缩放动画如图 14.31 所示。

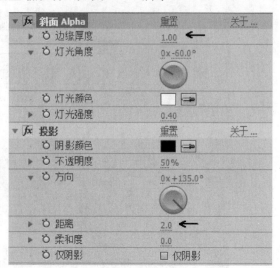

图 14.27　字符面板　　　　图 14.28　在"效果控件"面板中设置"斜面 Alpha"和"投影"参数

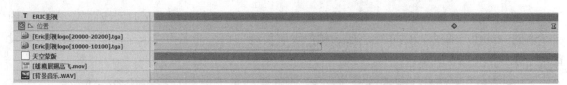

图 14.29　"时间线面板"中位置动画设置

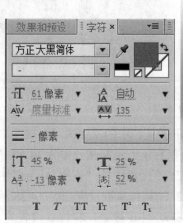

图 14.30　字符面板

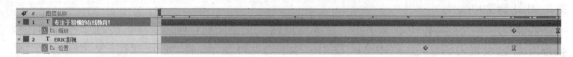

图 14.31　在时间线面板中设置缩放动画

第14章　综合案例Ⅱ——影视片头动画

步骤8：执行"合成→添加到渲染队列"命令，在弹出的"渲染队列"面板中，单击"无损"，在弹出的"输出模块设置"面板中，选择格式为"AVI"，"输出模块设置"面板如图14.32所示；单击视频输出中的"格式选项"，选择视频编码器为"DV PAL"，"AVI选项"面板如图14.33所示；单击两次"确定"按钮后，返回到渲染队列面板，然后单击 渲染 按钮输出，"渲染队列"面板如图14.34所示。

图14.32 "输出模块设置"面板

图14.33 "AVI选项"面板

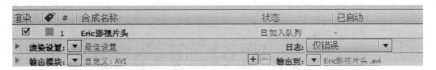

图14.34 "渲染队列"面板

本章小结

本章通过案例比较全面地介绍了影视片头制作的流程与一般方法，分镜头在3ds Max 2015中进行制作，并整合了视频素材，综合运用了三维软件3ds Max和后期合成软件After Effects，有利于读者掌握影视包装的常用方法与思路。

课后练习

综合运用本章所学内容制作如图14.35所示的片头动画，具体动画效果请扫描二维码。

图14.35 文字片头动画

反侵权盗版声明

电子工业出版社依法对本作品享有专有出版权。任何未经权利人书面许可，复制、销售或通过信息网络传播本作品的行为，歪曲、篡改、剽窃本作品的行为，均违反《中华人民共和国著作权法》，其行为人应承担相应的民事责任和行政责任，构成犯罪的，将被依法追究刑事责任。

为了维护市场秩序，保护权利人的合法权益，我社将依法查处和打击侵权盗版的单位和个人。欢迎社会各界人士积极举报侵权盗版行为，本社将奖励举报有功人员，并保证举报人的信息不被泄露。

举报电话：（010）88254396；（010）88258888
传　　真：（010）88254397
E-mail：　dbqq@phei.com.cn
通信地址：北京市海淀区万寿路 173 信箱
　　　　　电子工业出版社总编办公室
邮　　编：100036